我 創 業 , 我 獨 角 no.4

• #精實創業全紀錄,商業模式全攻略 ────○

UNIKORN Startup ④

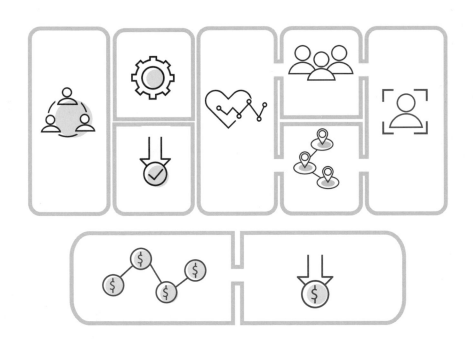

關於獨角

獨角文化是全台灣第一個以群眾預購力量，專訪紀錄創業故事集結成冊出版的共享平台。

我們深信每一位創業家，都是自己品牌的主角，有更多的創業故事與夢想，值得被看見。

獨角文化為創業者發聲，我們從採訪、攝影、撰文、印刷到行銷通路皆不收取任何費用。

你可以透過預購書的方式化為支持這些創業故事，你的名與留言也會一起紀錄在本書中。

序文

「我創業，我獨角」你就是品牌最佳代言人

———— 羅芷羚 Bella Luo

獨角傳媒，對我們來說，它是一個創業者幫助創業者實現夢想的平台！在經營商務中心的過程中，我們常常接觸到許多創業者，其中不乏希望分享自己的品牌/理念/創業故事的企業主，可惜在這個競爭激烈的時代下，並不是每家企業起初創業就馬上做到穩定百萬營收、或是一砲而紅成為媒體爭相報導的對象，大部分的業主常常都是默默地在做自己認為對的事情，直到5年後、甚至10年後，等到企業成功才會被人們看見。在這樣的大環境下，我們發現很少有人願意主動去採訪這些艱辛的創業者們，許多值得被記錄成冊、壯聲頌讚的珍貴故事便這樣埋沒於洪流下，為將這些寶藏帶至世界各地，獨角傳媒在2020春天誕生了！

「每一個人的背後都有一段不為人知的故事」

品牌身處萌芽期之際，多數人看見的是商品，但獨角想挖掘、深究的是創造商品價值的創辦人們。這些故事有些是創辦人們堅持的動力來源，亦或挾帶超乎預期的重大使命感，令我們備感意外的是，透過創作本書的路程中，我們發現許多人只是單純地為了生存而在這片滿是泥濘的創業路上拼搏奮鬥。

因此我們要做的，不單只是美化、包裝企業體藉此提高商品銷售量，我們要做得更多！透過記錄每一位創業家的心路歷程，讓他們獨一無二的故事可以被看見，幫助讀者在這些故事除了商品的「WHAT」，也瞭解它背後的「WHY」！

許多人會有這樣的迷思：「創業當老闆好好喔，可以作自己想作的事，工作時間又彈性，我也要創業。」然而真的創業之後，你會發現你的時間不再是你的時間，當員工一天是8小時上下班，創業則是24小時待命；員工只要按部就班每個月薪水就會轉進戶頭，創業則是你睜開眼就在燒錢，每天忙得焦頭爛額就為找錢、找人、找資源。讀完這本書後你會發現：創業真的沒有想像中那麼美好。

看到這裡，也許你會問我：「那還要創業嗎？採訪出書還要繼續嗎？」

我的答案是：「YES! ABSOLUTELY YES!」

大家知道嗎？目前主流媒體、報章雜誌，或是出版刊物中所看到的企業主其實只佔了台灣總企業體的2%，台灣真正的主事業體其實是中小企業，佔比高達98%！(註)；大型企業及上市櫃公司由於事業體龐大，自然而然地便成為公眾鎂光燈下的焦點，在這樣的趨勢下，我們所想的是：「那，誰來看見中小企業呢？」當星系裡的恆星光芒太過強大時，其他星星自然相對顯得黯

淡失色，然而沒有這些滿佈夜辰的星星，銀河系又怎麼會如此浩瀚、閃亮？獨角傳媒抱著讓大家看見星河裡的微光(中小企業主)的理念出發，希望給大家一個全新的視角環顧世界。

不可否認的是，初期我們遇到相當多的挫折跟挑戰，但因為有想做的事情，有想幫助創業者的這份信念，所以儘管是摸著石頭過河，我們仍會堅持走對的路，直到成功渡過腳下湍急的暗流。

如果有讀者認為讀了這本書後便能一「頁」致富，那你現在就可以闔上這本書；獨角在這本書想做到的是透過50個精實成功創業者的真實故事，讓大家意識到所謂的困難其實有路可循，過不去的坎也沒有這麼多，我們希望這些創業故事能成為祝福他人的寶典！

「我創業，我獨角」它可以是你的創業工具書，又或者是你親近創業真實面向的第一步，更讓你有機會搖身一變成為自有品牌最佳代言人，改變就從現在開始！

獨角傳媒，未來會成為一個什麼樣的品牌呢？我們相信它是目前全台第一個擁有最多企業專訪的直播平台，當然未來亦會持續增加；除此之外，我們亦朝著社會企業的方向邁進，獨角近來與國外環保團體合作，推出名為「ONE BOOK ONE TREE一書一樹」的公益計畫，只要讀者以預購方式支持書籍，一個預購，我們就會在地球種一棵樹，保護我們所處的星球在文明高度發展的仍保有盎然、鮮明的活力。

另外，我們亦將定期舉辦「UBC獨角聚」──一個B TO B 的企業家商務俱樂部，獨角想打造出一個創業生態系，讓企業之間產生更多的連結、交流與合作契機，不再只是單打獨鬥埋頭苦幹！未來，我們相信這個平台將持續成長茁壯，也期待有更多被採訪創業故事的台灣創業家，終能走向國際舞台，成為世界級的獨角獸公司以榮耀他們他們自己的創業品牌，有幸參與此過程獨角傳媒真的備感榮焉！

最後，我要感謝每一位受訪的創業家，謝謝你們傾力讓世界變得更美好。值此付梓之際，我謹向你們以及所有關心支持本書編寫的朋友們致以衷心的謝忱！

將一切榮耀歸給主，阿門！

Bella Luo

(註)

根據《2019年中小企業白皮書》發布資料顯示，2018年臺灣中小企業家數為146萬6,209家，占全體企業97.64%，較2017年增加1.99%；中小企業就業人數達896萬5千人，占全國就業人數78.41%，較2017年增加0.69%，兩者皆創下近年來最高紀錄，顯示中小企業不僅穩定成長，更為我國經濟發展及創造就業賦予關鍵動能。

導讀

「這是最好的時代，也是最壞的時代」期待在創業路上剛好遇見你

———— 廖俊愷 Andy Liao

本書收錄超過50家企業品牌組織的創業故事，每個故事都是精實的。不管你是正在創業或是準備創業，相信都能發現你並不孤獨，也許你也會在這當中找到你自己創業靈感。故事的內容總是感性的，但真實的商業世界卻常常給我們狠狠的上了幾堂課，世界變動的速度太快，計畫永遠趕不上變化，透過50家企業品牌的商業模式圖，讓你直觀全局，所以在你也開始想寫一份50頁的商業計畫書前，也為你自己的計劃先畫上一頁式的商業模式圖，並隨時檢視、調整、更新你的商業模式。

本書將每個故事分為 #A #B #C #D 四大模組，你可以照著順序來看這本書，你也可以隨意挑選引發你興趣的行業來看，你甚至可以以每星期為一個周期，週一看一則故事，週二~週四蒐集相關的行業資訊，在週五下班邀請你的潛在合作夥伴一起聚餐，用餐巾紙畫出你們看見的商業模式。

最後用狄更斯《雙城記》做為結尾，「這是最好的時代，也是最壞的時代」。但是，無論身處怎樣的時代，總會有一批人脫穎而出，對於他們而言，時代是怎樣的他們不管，他們只管努力奮鬥，最終成為時代的主流。

期待在創業路上剛好遇見你

Andy Liao

#A 模組

創業故事

TIP-1 創業動機與過程甘苦

TIP-2 經營理念及產業簡介

TIP-3 未來期許與發展潛力

#B 模組

商業模式圖

以九宮格直觀呈現的商業模式圖，讓你可以同樣站在與創辦人相同高度，綜觀全局。

#C 模組

創業筆記

TIP-1 創業建議與經營關鍵

TIP-2 自己寫下本篇的重點

#D 模組

影音專訪

如果你對文字紀錄還意猶未盡，可以拿起手機掃描，也許創辦人的影音訪談內容能讓你找到更多可能性。

精實創業 人人都是創業家

精實創業運動追求的是，提供那些渴望創造劃時代產品的人，一套足以改變世界的工具。

──────《精實創業：用小實驗玩出大事業》The Lean Startup 艾瑞克·萊斯 Eric Rice

精實創業是一種發展商業模式與開發產品的方法，由艾瑞克·萊斯在2011年首次提出。根據艾瑞克·萊斯之前在數個美國新創公司的工作經驗，他認為新創團隊可以藉由整合「以實驗驗證商業假設」以及他所提出的最小可行產品（minimum viable product，簡稱MVP）、「快速更新、疊代產品」（軸轉Pivot）及「驗證式學習」（Validated Learning），來縮短他們的產品開發週期。

艾瑞克·萊斯認為，初創企業如果願意投資時間於快速更新產品與服務，以提供給早期使用者試用，那他們便能減少市場的風險，避免早期計畫所需的大量資金、昂貴的產品上架，與失敗。

────── 維基百科，自由的百科全書

你正在創業或是想要創業嗎?

☐ Yes　　☐ No

你總是在創造客戶價值,或是優化你的服務?

☐ Yes　　☐ No

你試著探索創新的商業模式來影響改變這個世界?

☐ Yes　　☐ No

如果你對上述問題的回答為 **"Yes"**,歡迎加入我創業我獨角!
你手上的這本書,是寫給夢想家、實踐家,以及精實創業家,
這是一本寫給創業世代的書。

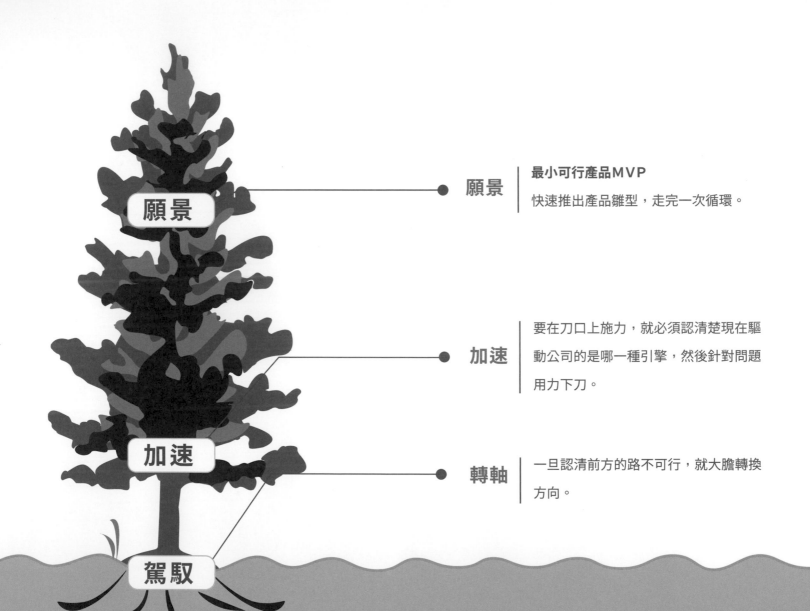

願景

加速

駕馭

願景 | **最小可行產品MVP**
快速推出產品雛型，走完一次循環。

加速 | 要在刀口上施力，就必須認清楚現在驅動公司的是哪一種引擎，然後針對問題用力下刀。

轉軸 | 一旦認清前方的路不可行，就大膽轉換方向。

駕馭 〉 加速 **3** 個成長引擎 〉 願景

黏著式

病毒式

付費式

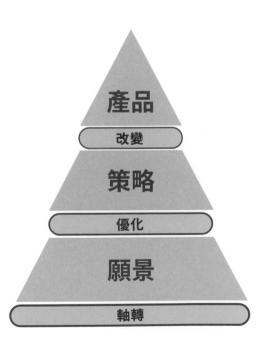

商業模式全攻略

重要合作

誰是我們的主要合作夥伴?誰是我們的主要供應商?我們從合作夥伴那裡獲取哪些關鍵資源?合作夥伴執行哪些關鍵活動? 夥伴關係的動機:優化和經濟,減少風險和不確定性,獲取特定資源和活動。

關鍵服務

我們的價值主張需要哪些關鍵活動?我們的分銷管道?客戶關係?收入流?
類別:生產、問題解決、平臺/網路。

核心資源

我們的價值主張需要哪些關鍵資源?我們的分銷管道?客戶關係收入流?資源類型:物理、智力(品牌專利、版權、數據)、人力、財務。

價值主張

我們為客戶提供什麼價值?我們幫助解決客戶的哪些問題?我們向每個客戶群提供哪些產品和服務?我們滿足哪些客戶需求?特徵:創新、性能、定製、"完成工作"、設計、品牌/狀態、價格、降低成本、降低風險、可訪問性、便利性/可用性。

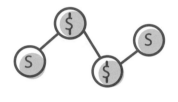

顧客關係

我們的每個客戶部門都期望我們與他們建立和維護什麼樣的關係?我們建立了哪些?他們如何與我們的其他業務模式集成?它們有多貴?

渠道通路

我們的客戶細分希望通過哪些管道到達?我們現在怎麼聯繫到他們?我們的管道是如何集成的?哪些工作最有效?哪些最經濟高效?我們如何將它們與客戶例程集成?

客戶群體

我們為誰創造價值?誰是我們最重要的客戶?我們的客戶基礎是大眾市場、尼奇市場、細分、多元化、多面平臺。

成本結構

我們的商業模式中固有的最重要的成本是什麼?哪些關鍵資源最貴?哪些關鍵活動最貴?您的業務更多:成本驅動(最精簡的成本結構、低價格價值主張、最大的自動化、廣泛的外包)、價值驅動(專注於價值創造、高級價值主張)。樣本特徵:固定成本(工資、租金、水電費)、可變成本、規模經濟、範圍經濟。

收益來源

我們的客戶真正願意支付什麼價值?他們目前支付什麼?他們目前如何支付?他們寧願怎麼付錢?每個收入流對整體收入的貢獻是多少?
類型:資產銷售、使用費、訂閱費、貸款/租賃/租賃、許可、經紀費、廣告修復定價:標價、產品功能相關、客戶群依賴、數量依賴性價格:談判(議價)、收益管理、實時市場。

商業模式圖

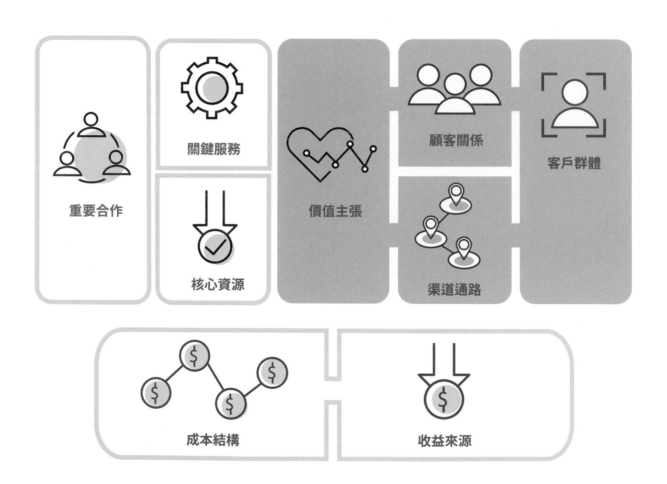

99%的商業模式都有人想過　差異是每天進步1%的檢視驗證調整

為誰提供

客戶區隔

如何提供

通路通道 (客戶關係)

提供什麼

價值主張

如何賺錢 收入來源

(核心資源、關鍵活動，主要夥伴，成本結構)

創業TIP

- 幫助企業主本身再次檢視釐清整體商業模式。

- 幫助商業夥伴快速了解企業前瞻與合作可能。

- 幫助一般讀者全面宏觀學習企業經營之價值。

商業模式圖是用於開發新的或記錄現有商業模式的戰略管理和精實創業模板。這是一個直觀的圖表，其中包含描述公司或產品的價值主張，基礎設施，客戶和財務狀況的元素。它通過說明潛在的權衡來幫助公司調整其業務。

商業模型設計模板的九個"構建模塊"（後來被稱為商業模式圖）是由亞歷山大·奧斯特瓦爾德[Alexander Osterwalder 於2005年提出的。

—— 維基百科，自由的百科全書

目錄

Chapter 1

#A

獨角傳媒

你的創業故事值得被看見，為你紀錄逐夢背後的酸甜苦辣

羅芷羚（Bella），獨角傳媒的總監暨創辦人，認為每位創業家都是自己品牌的主角，他們的創業故事與夢想值得被看見；獨角力邀各產業代表、以第三人的視角專訪記錄各個創業家的奮鬥史，並定期舉辦商務聚會以串連企業之間的交流及合作，目標成為最大的創業夢想實現平台。

1.3. 獨角聚暨新書發表會：頒發創業之星獎盃
2. 獨角聚暨新書發表會：企業主上台分享啟業故事
4. 獨角聚暨新書發表會：企業主互相交流、彼此分享

看見市場需求，運用現有資源切出品牌

獨角傳媒的總監暨創辦人羅芷羚（Bella）原是經營共享辦公的商務中心——享時空間，空間選址於台中市七期的黃金地段，因此接觸到許多企業主及創業者，亦發現到他們其實十分希望將自家的商品特色或服務特質推廣給更多人認識，但在草創時期，除了優化產品、研發新品，還要兼顧人才培育及品牌行銷，每個面向都必須付出極大的心力，看在同是身為創業家的總監 Bella 眼裡，她開始思索是否能運用現有的空間資源來幫助這些企業，進而發掘他們的潛在客戶或廠商。

原本經營商業空間的總監 Bella 已有穩定的進駐企業主資源，於是她從採訪進駐客戶開始，在粉絲團藉由文章及媒體幫助客戶曝光，並逐漸吸引許多同樣身為企業主的朋友前來詢問，總監 Bella 也發現到確實有許多企業主有此需求，2020 年的春天，總監 Bella 便正式成立「獨角傳媒」的品牌。

有感於森林大火，在出版計畫中導入環保議題

現今閱聽者多從電視新聞或周刊報導可以看見知名的大型企業的訪談，不過許多小型企業、或尚處於草創期的新創企業卻不見得能有媒體曝光的機會，總監 Bella 認為，每一位創業者的故事都是精彩且難能可貴的，不論是何種產業，媒體的曝光不應只是大企業才有的權利，這也是獨角傳媒的成立宗旨——採訪各個企業主的創業故事，不論是白手起家的初次創業者、抑或二代接班者，甚至是經營二、三十年的傳統老店，啟業的動念都意義非凡，若是能透過專訪讓品牌故事更廣為人知，不僅是美好且具有紀念的，亦可以讓原有的忠實粉絲或顧客更熟悉品牌背後的價值及創業的初心，更是挖掘潛在客戶的渠道之一。

1. 為企業主設計專屬書封及書腰
2. 《我創業，我獨角》系列叢書
3. 與書籍內容為由文字編輯撰寫、及美術編輯設計排版

總監 Bella 的創業契機其實很純粹，就是希望讓更多企業的品牌故事可以在市場中曝光，每期精選五十家企業邀約合輯出版，並透過這樣的機會頒予企業主「一書一樹」的公益獎盃，而有此發想是由於 2019 年至 2020 年間，一場長達五個多月、震懾全球的澳洲森林大火，這則發人省思的新聞讓總監 Bella 決定與「One Tree Planted」合作──讀者購買一本原價書籍，就能以他的名字在地球上種一棵樹，希望作為文化出版方、能導入環保的議題，讓企業主在參與出版計畫的同時，也能落實公益、為地球盡一份心力。

不僅出版書籍，更與時俱進、多管齊下

「我們的專訪總是免費，你只需要購書來支持我們就可以」是獨角傳媒的核心理念，本著「每個創業者的故事都是美好且值得曝光」的信念，免費讓企業主接受專訪，雖然這樣的標語讓對於獨角傳媒這個品牌還不夠熟悉的企業主心存疑慮，不過這樣的挑戰反倒讓總監 Bella 更能發現許多企業主其實不滿足於專訪的曝光，因此獨角傳媒也與時俱進延伸了 Podcast 及網路行銷等的方案服務；書籍除了上架到全台各書局，也會被收藏在國家圖書館裡，Podcast 及 Youtube 也能讓將專訪內容推廣至海外，總監 Bella 笑言：「未來當人家父母或祖父母的時候，還能帶著孫子們到圖書館一邊看書、一邊話當年！」這亦是她常對企業主說的玩笑話，足見總監 Bella 與客戶真切且親和的相處，她認為出書不僅是值得驕傲與紀念的事，也是讓客戶看見團隊堅持不懈地對於這件美好的事物付出，更重要的是，能透過最適合企業主的管道，將彼此的合作效益發揮到最大。

除此之外，獨角傳媒更乘勝追擊打造全新品牌——「NEXT TAIWAN STARTUP」，並積極推動數位轉型、啟動「線上企業專訪主播募集計畫」，預計各縣市招募五至八位、全台共百位主播共襄盛舉，透過培訓各地主播進行線上企業專訪，專訪不受地區侷限、觸角更能延伸至各城市，在疫情時期也不間斷地讓更多創業故事有線上曝光的機會，同時也讓主播多一份斜槓收入，共同創造「三贏」局勢。

4. 獨角聚暨新書發表會
5. 獨角聚暨新書發表會：企業主互相交流、彼此分享
6. 獨角聚暨新書發表會：與會企業主合照留念
7. 獨角聚暨新書發表會：總監 Bella 致詞
8. 線下專訪側拍

9. 獨角聚暨新書發表會：總監 Bella 簽到

10. 總監 Bella 與各企業主訪後留念合影

11. 訪後總監 Bella 與各企業主交流

12. 獨角聚暨新書發表會：邀請與會企業主一同合照

攜手同業結盟合作、持續成長茁壯

總監 Bella 說到：「我覺得創業真的不是一般人能做的事情，是要付出非常多心力的，時間都不是自己的。」身為公司的帶領者，在員工下班後仍要費心去思考如何讓團隊更成長、讓內部方案順利運行、公司未來拓展性等等一切的大小事，但背負的使命感讓她奮不顧身勇敢闖蕩，縱然起初不免伴隨著誤解與質疑的聲浪，但目前已累積專訪超過千位企業主，這對獨角傳媒而言無疑是偌大的肯定。

而隨著近幾年台灣的新創產業蓬勃發展，企業輩出、每年都有數以百計的年輕人踏上創業一途，創業者間互相關注及照應是十分重要的；因此獨角傳媒開始舉辦商務聚會「UBC 獨角聚」，在活動中串連企業之間媒合，也為新創業者建立人脈與資源、找尋合作夥伴或廠商，獨角傳媒與享時空間更攜手全台創業場域一同打造「UBC 獨角聚創業生態系」，囊括台北和仕聯合商務空間、桃園紅點商務中心、台南公園大道商務共享中心及高雄晶采共享辦公室皆受邀參與其中，讓企業之間產生更多的連結、交流與合作契機，不再只是單打獨鬥埋頭苦幹！

總監 Bella 說道，關於未來的藍圖團隊布局得很扎實，她目標明確、腳步堅定，她也相信獨角傳媒這個平台將持續成長茁壯，也期待有更多合作的創業家終能走向國際舞台，成為世界級的獨角獸公司。

#B | 獨角傳媒
商業模式圖 BMC

重要合作
- 享時空間
- 閻維浩律師事務所
- One Tree Planted
- 印刷廠
- 經銷商
- 書局

關鍵服務
- 《我創業，我獨角》系列叢書
- 網路行銷
- 影音上架服務

核心資源
- 創業專訪拍攝
- 創業故事收錄出版
- 獨角聚商務聚會

價值主張
- 共享出版，以客觀的第三方視角紀錄精實的台灣品牌創業故事、九宮格商業模式圖，以精準的眼光看見每個品牌的獲利模式，讓讀者同步體會台灣各個角落、大大小小品牌的感動。

顧客關係
- 共同協助
- 異業合作

渠道通路
- 實體空間
- 官方網站、媒體報導
- Facebook
- Instagram

客戶群體
- 企業主
- 工作室
- 各式商家
- 個人品牌
- 新創企業
- 傳統產業
- 二代接班企業

成本結構
人事成本、營運成本、印刷成本、活動費用

收益來源
服務費用、產品售出費用

#C｜創業筆記 ✐

- 每個創業者的故事都是美好且值得曝光的。

- 透過最適合企業主的管道，將兩個產業之間的合作效益發揮到最大。

- _____
- _____
- _____
- _____
- _____
- _____
- _____

#D｜影音專訪 LIVE

獨角傳媒

04-3707-7353　　fb.com/unikorn.cc

http://www.unikorn.cc/

台中市西屯區市政路 402 號 5 樓之 6

#A 佳興成長營

成功不是第一，創造幸福才是我的使命！

佳興成長營
全方位成功的人生

黃佳興，佳興成長營的創辦人。談吐有著獨樹一格的魅力、總能擄獲大眾的目光，炙手可熱的名氣不僅累積全亞洲巡迴演講超過三千場，更著有多本暢銷書籍，成功孕育各行各業的頂級人才；黃佳興堅信「為世界創造無限幸福」是他的人生使命，這也是他終其一生、極力推廣教育的原因。

書籍著作《幸福競爭力》

被失敗擊垮、不見天日的一百天

黃佳興憶及小時候母親白天出門上班，下了班還要急急忙忙回家做晚飯給孩子，兒時對於母親的印象盡是忙碌的背影，讓他早早就立下「我要成功」的志願；黃佳興滿腦子渴望成功，滿懷雄心壯志的他年紀輕輕、僅僅二十一歲便出來闖盪創業，他接連開了生鮮超市、金飾名品店、飲料連鎖店，短短五年就創業三次，然而，太過年輕欠缺經驗、缺乏人脈與資源導致三次創業都失敗收場，也讓黃佳興一夕之間欠下六百多萬的鉅款。

瞬間跌落谷底讓黃佳興覺得自己與「成功」漸行漸遠，他將自己封閉在不到五坪大的房間裡，不想面對任何事、任何人，每天過著漫無目的、如同槁木死灰一般的生活，人生找不到存活的意義、甚至動過想一了百了的念頭，如此低潮的日子持續了約莫一百天，也是他生命中最痛苦的一百天，黃佳興說道。

遇見世界級大師，翻轉命運、改變人生

這樣自甘墮落的日子一直到友人看不下去，硬是打開了黃佳興的房門、闖進他的生活，他極力向黃佳興推薦世界第一名潛能大師——安東尼·羅賓——的影片課程，想著自己跌到谷底的人生也已無路可退，黃佳興下定決心、硬著頭皮籌了一筆費用報名課程，沒想到這堂短短三天的課程竟徹底改變了黃佳興的生命、翻轉他的命運。

安東尼·羅賓曾說：「在這個世界上，任何一種行業都有它存在的意義與價值，但沒有一種行業比改變人們的生命來得更有意義」，這句話彷彿一束曙光，同時也救贖了黃佳興，他開始思考過去的失敗或許都有它存在的意義與價值，他將安東尼·羅賓視為目標，黃佳興也想站上舞台鼓勵更多人改變生命，「我要成為演說家！」的想法油然而生，從這一刻起，黃佳興知道自己的人生將完完全全煥然一新。

為了償還債務，黃佳興轉而挑戰業務工作，他前後投入了推廣課程、銀行、保險業等三種工

1. 課程中演講
2. 課程解說
3. 佳興老師的 Q 版貼圖

作，並用最短的時間拿下全國第一名，成了實實在在的超級業務員，不僅還清負債，也讓他成功買車、買房，過著夢想中的生活、實現渴望中的夢想；儘管工作表現相當卓越、也有了一番成就，但黃佳興並沒有因此而迷失自我，他反而從轉變中認知到「幸福比成功更重要」的道理，他堅信「生命的困頓是要讓你走向成功做準備」，並希望藉由自身的體悟鼓勵在生命遇到挫折的人，呼籲大眾不要為了賺錢而漠視了家人與朋友，忽略「幸福」才是最首要的。

全力以赴在生命中的每一天

2011 年，黃佳興下了一個重大的決定——創立「佳興成長營」，他開始舉辦演講、成立培訓機構，信誓旦旦地認為自己很快就能站上風頭浪尖，但事實並不然，三個月過去了，台下的觀眾依舊寥寥無幾，每場演講都是在燒錢，黃佳興這才意識到培訓業不如想像中簡單，看著虧損愈來愈多、他也開始亂了陣腳，害怕重蹈覆轍欠債的噩夢，身旁的親朋好友也紛紛勸退他，原本意氣風發的黃佳興也漸漸地被動搖。

沉澱了好一陣子，黃佳興在筆記本裡寫下了一段話：「接下來除非我餓死，否則我一定要把培訓業做到全台灣、全亞洲、甚至全世界最好，我黃佳興要做到！」，他下筆特別重、伴隨著顫抖的身軀像是在對自己信心喊話，「成為演說家」的夢想仍然堅定不移；從那天起，黃佳興將每一場演講都當作生命中的最後一場，帶著全力以赴的決心與強大的使命感，黃佳興真摯的分享與精神漸漸地感動許多學員，也讓他立足培訓產業的市場，不出五年便成為台灣數一數二的業務培訓機構。

4.「全亞洲 NO.1 巡迴演講大會」——新加坡場

5. 佳興老師

6. 佳興成長營創辦歷史沿革

7. 微電影系列作品：「有我的地方就有愛」——最好的相遇宣傳海報

發跡台灣、放眼國際，推廣教育不遺餘力

佳興成長營是深耕業務產業的教育培訓機構，目前已有優秀的講師群及超過百人的團隊，致力於教導五大能力：銷售、領導、達成目標、建立系統、公眾演說，以及掌握六大幸福指標：家庭、事業、財富、健康、夢想、回饋社會，透過有效的培訓系統協助學員成為全方位成功的人才，並成功孕育多位超級演說家及銷售員。

成功學大師博恩·崔西曾說：「成功等於目標，其餘都是這句話的註解」，這句話深深烙印在黃佳興的心底，他馬不停蹄地進軍新加坡、馬來西亞、上海、深圳、北京等地，並依照各地特色規劃課程，躍身成為全亞洲跨平台的培訓機構。雖然今年受到疫情衝擊，但佳興成長營將課程搬上網路，也因應 5G 時代來臨，透過網路的無遠弗屆將課程推廣給更多學員，並規劃培育更多講師將內容升級更豐富、更精彩。

佳興成長營迄今已十個年頭，看見學員能力的提升、見證無數生命的改變與成長是黃佳興最有成就感的事情，也是他一直堅信培訓業的意義與價值的存在。「沒有人知道明天會發生什麼事情，但我迫不及待要看見未來」黃佳興引用麥可・喬丹的名言說道，關於邁向世界級培訓機構的目標，他既興奮又期待、也相信它指日可待。

8. 課程活動花絮：出場

9. 高階課程——「全方位成功講師班」操練花絮

10. 高階課程——「億萬領袖」課程花絮

11. 高階課程——「NO.1營銷學」花絮

12. 高階課程——「完全改變」花絮

#B | 佳興成長營
商業模式圖 BMC

重要合作

- 全亞洲各領域 No1 舉辦過
- 2018 全亞洲 No1 巡迴演講大會
- 2019 全亞洲金牌業務高峰會
- 2021 全亞洲網路營銷大會
- 2021 全平台網路賺錢大展

關鍵服務

- 完全改變課程
- No1 營銷學
- 超級業務競爭力
- 網路變現實操班

核心資源

- 全亞洲巡迴演講
- 超級演說家
- 書籍著作
- 講師群

價值主張

- 從臺灣出發，到新加坡、馬來西亞、上海、深圳、北京，帶著強大企業願景為世界創造幸福人才，創造出多項菁英培訓系統，並成功在全亞洲孕育出多位超級演說家以及超級銷售員。

顧客關係

- 顧客轉介紹
- 網路購買

渠道通路

- 佳興成長營官方網站
- FB 大家好 我是佳興粉絲團
- TikTok 佳興商業號

客戶群體

- 微商團隊
- 傳直銷產業
- 中小企業主
- 保險、汽車、不動產業務
- 想成功、想賺錢、追求成長族群
- 期待看到最好的自己

成本結構

活動成本、人事成本

收益來源

課程費用、書籍售出收益

#C | 創業筆記 ✎

- 生命的困頓是要讓你走向成功做準備。

- 任何一種行業都有它存在的意義與價值，但沒有一種行業比改變人們的生命來得更有意義。

#D | 影音專訪 LIVE

#A

日紅生活水素館

頂級氫呼吸體驗，「氫氫」鬆鬆保健身體！

有多年日商公司的經驗，因緣際會下認識到氫分子這項元素的優點，她發現到日本早已將氫分子運用在醫學上，便決定與日本合作、並結合本土技術在台灣創立體驗館，將這項新穎的技術推廣給大眾，讓大眾認識「氫呼吸」的保健法。

日紅生力軍

在心中埋下的種子，總會有發芽的那天

陳總從小就生長在經商家庭，可惜隨著石油危機、物價暴漲，父親的事業最終只能以失敗收場，家道中落讓陳總看盡了人情的冷暖，看著年華老去的父母披星戴月只為了還債，此般心酸也在她心中種下了一個念頭，她想要做出一番事業以完成父親當年未能完成的夢想，並將這份成就回饋給父母。

出社會後陳總便到日商公司上班，這一待就是將近二十年的光陰，然而她依然沒忘記當初許下的諾言，而真正讓陳總走上創業一途的背後推手就是日商公司的長官，她從長官的口中認識到「氫分子」這項元素，並得知氫分子對人體健康的幫助，她看見氫分子保健產業的前瞻性，在長官的鼓勵下陳總決定將這項產業帶回台灣，並成立了「日紅生活水素館」。

氫分子的好，顧客體驗的到

氫一直是科學中不可多得的元素，早期氫分子多運用在工業上，近幾年，日本更將氫分子技術導入生產氫燃料電池汽車。而將氫分子運用在醫學上這項技術就要回溯到 1998 年 6 月 13 日，日本朝日電視台的「探明真相」節目中，首次播放一集「神奇之水」的真相。該節目報導了德國諾爾登瑙洞窟內的水具有舒緩許多疾病的神奇作用，引起日本學界之注意，日本學者後來發現，這些被記載有神奇效果的泉水，水中「氫分子」的含量都特別高，進一步促使太田成男教授於 2003 年在東京醫科大學老人研究所成立氫氣研究中心，深入探討氫氣對於健康幫助背後的機轉。經過四年的潛心研究，太田成男教授於 2007 年在國際知名的學術期刊—— 自然醫學 (Nature Medicine) ——上發表了一篇突破性的論文，論文的研究成果發現——氫氣具有選擇性清除壞自由基的特性；而此文獻不僅極具歷史意義、更獲得科學界的重視，迅速引起各國學者的關注與研究熱潮，太田成男也因此被稱為氫分子醫學領域的第一人。

氫之所以有多種功能是因為它屬活性分子、不能與大多數生物分子反應，但卻可以改變自由基鏈

1. 營養師現場教學吃出健康腦
2. 公益健康講座
3. 飯店辦粉絲見面會
4. 生產線

2020愛你愛你 健康摩天輪 幸福來轉動
系列講座 張益堯 營養師
① 增強免疫力 遠離失智吃出健康腦

反應並誘導相似的傳導，除了抗氧化外，亦有消炎與促進能量生產等作用；然而大眾對於氫分子的認知仍不夠全面，在創立公司前陳總早有料想，因此日紅生活推出免費體驗一個月的方案，想藉由體驗館這種商業模式，讓顧客親自體會到產品的特色及保健優勢，並在接觸產品的同時更深入的了解平日輕鬆保健的重要性；溫控氫水機、雙人共享多功能氫氣機及氣水兩用氫氣機是日紅生活的三大主打產品，利用專業的純水電解技術提供 99.995% 的最高純度氫氣，更可提供「吸氫氣、喝氫水、氫眼罩、氫足浴」從頭到腳的全方位享受，且通過美國食品藥物管理局（FDA）最高等級的公認安全（GRAS）認證。陳總侃侃而談、炯炯有神的眼光，每個環節都足以證明陳總對於事業的看重與用心，因為那是她熱愛的事物。

只要轉念、困難便不再是阻礙

創業的道路不可能一路順遂，陳總從小就看過父親在經商上遇到的層層難關，自己也在花信年華就到日本工作，一路上碰到的事情太多、並非三言兩語就能道盡，半路出家創業的她也曾自我懷疑，認為自己沒有深厚的背景與足夠的財力，但腦海中卻又迴盪著另一種聲音：「再不抉擇，可能就沒有機會了！」她自認人生已經走過許多，再躊躇不定機會或許就不再出現了，這才讓她下定決心走上創業一途。

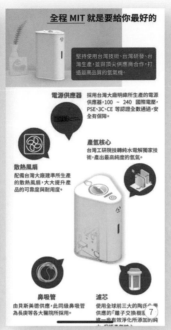

5. 日紅生活溫馨體驗館
6. 全省經銷代理商教育訓練營
7. 台灣之光外銷日本
8. 精彩抽大獎活動
9. 生產線

不論是人生經歷或是產業經驗陳總都十分豐富，對她而言挫折都是茁壯的養分，每次挫折都當作是成長，將來回過頭看就會發現自己又增長了一些智慧與勇氣，陳總提及，「轉念」是她在創業的過程裡學到的信念，她明白事情都是一體兩面的，每個人思考的角度與立場不同、做人處事的標準與方式就會有所不同，「如果只用自己的標準看待事情，那怎麼看都是挫折」陳總說道，在她眼底並非沒遇上困難，而是她已經學會轉念並且坦然面對。

先「利他」才能「人和」，進而「事成」方能「利己」

陳總從事健康產業至今已十個年頭，日紅生活成立也已經三年，期間獲得許多正面的評價，有許多顧客在用過各式保健食品及器材後選擇了日紅生活，並將氫氣機當作每天保健的方式，不僅得到體力精神的改善，日常健走與爬山也變得更輕鬆了，每每看到顧客用誠摯的眼光並且露出大大的微笑感謝她時，內心的感動無以復加，陳總說到：「每當客人得到改善或是回過頭來道謝時，就覺得我真的是做對行業了！」說到這她不禁喜形於色，話語中除了喜悅也帶著驕傲，創業對陳總而言不僅是一圓父親的夢，也是兌現對自己的承諾。

對於未來，她希望能夠再加強大眾對於氫分子的認知及保健重要性的觀念，好學的陳總這幾年積極進修大健康相關的管理與自然醫學課程來精進自我，並在今年正式取得國際花波身心靈健康管理師及美國自然醫學醫師證書，目前更在文化大學攻讀社會企業管理碩士學位，她將企業未來目標規畫定位在社會企業，希望能藉由提升專業來回饋社會，除了定期邀約舉辦公益健康講座，也參與國際雲聯網扶輪社為弱勢團體付出，讓大眾的身心靈都可以獲得健康，陳總相信：「唯有先『利他』才能『人和』、進而『事成』方能『利己』」，唯有看到別人所需並且竭盡所能提供幫助，企業才能達到盡善盡美。

#B | 日紅生活水素館
商業模式圖 BMC

 重要合作

- 心知足養生 Spa 會館
- EL 氫泉體驗館
- 台中豐原柔思康名床養生館
- 活水氫雙崙民生館

 關鍵服務

- 溫控氫水機
- 高純度氫氣機
- 公益健康講座

 核心資源

- 水素健康美容養生法
- 專利證書
- FDA 的 GRAS 認證

價值主張

- 由日本及台灣共同合作成立的氫生活體驗會館，將日本健康養生的理念結合台灣工研院技轉之技術，推廣日本最新最夯的水素健康美容養生法，希望在未來大家都能有著紅色太陽般的朝氣與光明，健康幸福、日日紅！

顧客關係

- 主動購買
- 體驗行銷

渠道通路

- 實體空間
- 官方網站
- Facebook

客戶群體

- 自然醫學診所
- 美業從業人員
- 長者
- 小家庭
- 長照機構
- 有氫呼吸保健習慣的人

成本結構

設備維護費用、營運成本

收益來源

產品售出收益

TIP1：如果只用自己的標準看待事情，那怎麼看都是挫折。

TIP2：唯有先「利他」才能「人和」。

#C | 創業筆記 ✎

成立時間：2019/04/01
團隊人數：5

Q 主力產品的重點里程碑是什麼？

A 國民的健康首重保健觀念！ 推廣至每一個人都能在健康上做好預防保健、以利減少重大疾病發生及保持良好情緒管理，就是我們產品最重要的里程碑。 從事健康產業很深刻體會到，多數消費者總期待立即性的效果，但、頭痛治頭腳痛醫腳只會是治標而不治本，因此產品要能落實在還未生病的日常生活中的保健是必要的。

Q 從客戶第一次接觸到成交，一段典型的銷售循環是什麼樣子？

A 從陌生接觸到成交，有可能是 30 分鐘，有可能是一小時，也有可能是 3 個月至半年之久！ 我想最重要在於面對客戶的態度、對話的語調、以及回覆客戶詢問的耐心、專業程度、還有最最重要的，是否建立客戶對我個人及公司的信賴關係。

Q 團隊的協調如何執行？有特別下功夫在這塊嗎？

A 一家企業的成長與成果，團隊的契合及默契相當重要。 定期的雙向溝通、團隊聚會、一起舉辦歡樂活動……當團隊成員向心力架構、協議都是正面為多數時，相信重要人和，做事不計較，那麼工作自然順利完成了！

#D | 影音專訪 LIVE 📹

日紅生活水素館

02-2555-7888

https://nikkouh2.com/

台北市大同區華陰街 97 號

#A

梅山茶油生產合作社

自然嚴選，你的健康「油」我把關！

> 凃淑靜，梅山茶油生產合作社的理事主席。婚後跟隨夫家從事製油產業，雖然歷經分家、無所適從的低潮，但使命感使然，她與丈夫決心攜手東山再起，傳承家族的製油廠並轉型再升級，期待跨業合作、異業結盟，並躍上國際舞台、名留青史。

1. 蔡英文總統蒞臨展場，由凃淑靜介紹產品
2. 二代傳承——吳宸宇與吳季霖兄弟參加泰國食品展
3. 凃淑靜邀請父親凃登山先生參加嘉義縣傑出婦女獎頒獎典禮，由嘉義縣張花冠縣長頒獎
4. 梅山茶油生產合作社勇奪國際大獎，嘉義縣翁章梁縣長舉辦記者會，由吳宸宇、吳季霖兄弟代表出席

從谷底再站起來，誓言傳承家族企業

凃淑靜夫家的製油廠就是梅山茶油生產合作社的前身，也是在梅山當地頗具代表性的製油廠，至今已有超過一甲子的製油歷史；而凃淑靜踏上創業的契機也相當與眾不同，因為丈夫的關係她嫁至梅山，當時她跟隨夫家投入製油產業，吃苦耐勞，榨油、搬運等的粗活都認命地做，而時光荏苒、這一待就是三十年的光陰。

然而始料未及的是挫折竟接踵而來，婆婆逝世後、兄弟分家，生活一夕之間跌落谷底，資金及設備被奪走、員工與客戶也被帶走、廣告看板也被要求撤下，連電話號碼都被暫停使用，十幾年來的努力瞬間化為泡影，如此戲劇般的驟變讓凃淑靜天天以淚洗面、陷在低潮長達兩年，原本想就此放棄並退出製油業，但從小就在製油廠長大的先生對於這個產業依然懷有濃厚的興趣及情感，說什麼也要咬牙撐下去，凃淑靜亦不忍家族企業就斷送在這一代，猶記婆婆生前總是耳提面命，一股強烈的使命感油然而生，她決定扛起傳承的重責大任，接手設備不足的製油廠、與另一半攜手從負債開始，那年是 2006 年，夫妻倆召集梅山當地三十位農民成立了「梅山茶油生產合作社」。

油品種類琳瑯滿目，營養學問博大精深

許多人想靠飲食控制體重時往往會減少食用油的攝取，但其實為維持身體健康更需要適當地攝取油脂，凃淑靜提及，攝取好油對身體有許多益處，油脂除了提供身體的熱能、保護內臟、維持體溫及細胞運作，營養素也要仰賴油脂運送，其中苦茶油單元不飽和脂肪酸高於橄欖油、發煙點高，含有豐富的維生素 E 和植醇，油脂安定、當油脂攝取不足會導致必需脂肪酸缺乏，更會影響身體代謝作用，苦茶油在台灣歷史悠久，實用價值高，是油品中最香醇、使用範圍

1. 育苗場——創辦人吳鎮森先生
2.3. 梅山茶油生產合作社的產品簡介

最廣也是安定性高的植物油。

製油屬於勞力密集的產業，程序繁縟，從測試、研究、選種、育苗、土壤分析、種植、施肥、摘採、挑選，再到日曬、乾燥、冷藏、脫殼、揀選、壓榨，每個環節都耗費人力，無法以機器化大量生產；梅山茶油早期以生產桐油、黃豆油、花生油、麻油為主，其中以苦茶油最為專精，製油經驗豐富，因此教導許多製油廠榨油的技術，並提供原料及成品，歷經多年努力，已是台灣最上游的生產者及供應商。

冷淑靜的先生是在製油廠裡長大的孩子，是老師傅也是老闆的他對於製油過程瞭若指掌，為慎選品質、深入產地，從種植茶樹開始便要求農民做紀錄，梅山茶油生產合作社的油品不但擁有產銷履歷也有追蹤溯源，與專業農民合作設立育苗場也自種三十公頃；冷淑靜認為創業最重要的就是「優質的原料、正確的理念、100% 健康無添加的產品」，販售的都是純正良油、絕不混油，原料也經過層層檢測，無重金屬及農藥殘留，除了致力推廣大家來吃好油，更希望能推動農民砍掉檳榔樹、改種油茶樹，在行銷好油之餘也實踐永續經營以達友善環境之效。

來自各方專業的肯定，躋身台灣之光

梅山茶油成立至今已十五年之久，憶及初期篳路藍縷冷淑靜仍然歷歷在目，從無到有的歷程太過艱辛，苦無資金來源，還遇上不稱職、工作態度不佳的員工，好在皇天不負苦心人，遇到貴人相助、也如願找到適合的員工一路伴隨至今，員工對於這個產業的辛苦付出與努力她都看在眼裡，對於員工的感謝之意已溢於言表。

當初為了省下資金的耗損，其實梅山茶油很少打廣告，但靠著口耳相傳、成績也蒸蒸日上，更吸引許多媒體爭相報導，「謝謝他們看見我們，把我們幕後努力的故事、欲實踐的目標告訴大家」冷淑靜說道；在社會大眾大力支持與口耳相傳下，梅山茶油參加過國內外大大小小的比賽，奪下許多國內外金牌及三星最高榮譽，獲得來自世界各國評審的肯定，因此受到政府及產官學界的支持，不僅每年都獲選為嘉義縣政府嚴選伴手禮店家，更在歷任嘉義縣長的支持下將產品推廣至日本與新加坡，讓台灣優質苦茶油站上國際舞台。

繼續創造製油歷史，義無反顧地勇往直前

持續努力下，冷淑靜的兒子也繼承衣缽加入團隊，開始研發醬料，以苦茶油、麻油和南瓜籽油作為基底油，開發出苦茶油堅果辣椒醬、麻油薑泥醬、苦茶油素食 XO 醬及南瓜籽醬，原先她並不看好、也不希望兒子跟著她一起吃苦，但兩個兒子仍然躍躍欲試，精心研發的醬料不僅廣受親朋好友的喜愛，甚至讓前來參觀的團體立刻購買數百瓶，從油品中創造商機、也樂在創造力發想與實踐，看著兒子願意一起吃苦，主動在各展覽活動上熱情地與客戶介紹自家產品，話語間充滿自信與肯定，看到年輕人願意蹲在大太陽底下辛苦工作，用手將茶果一顆顆撥開，三更半夜裡還在搬運沉重的原料、白天隨司機送貨到客戶手中，和員工一起打掃廠房……，這都是梅山茶油生產合作社最美麗的畫面，代表著傳承與延續，冷淑靜有著說不盡的感動與驕傲，更期待未來機械廠能夠研發新設備以提高產能、降低人力。

「我們沒有回頭路、只能往前走，過去的挫折我全然接受，未來的路還是得繼續地往前走」冷淑靜說道，「創業的路上難免會遭受質疑或不被支持，在這條孤單的路上最需要的就是一顆堅定的心，縱然一路波瀾不斷但始終堅信關關難關、必定能關關過，一路披荊斬棘、如今終於獲得如此成就。」冷淑靜認為：「成功固然重要，但失敗的功課更為重要」，從失敗裡面獲取的經驗都是往後成功的借鏡，不用害怕、要勇於去接受失敗的考驗。

#B ｜梅山茶油生產合作社
商業模式圖 BMC

重要合作

- 長壽田國際貿易公司
- 新光三越百貨
- momo 購物網
- 上市公司
- 食品業者
- 經銷商
- 製油廠
- 有機店
- 餐廳

關鍵服務

- 苦茶油、黑麻油
- 南瓜籽油、素 XO 醬
- 堅果辣椒醬、麻油薑泥
- 南瓜籽醬、香浴皂
- 苦茶粕、禮盒組
- 品牌代工

核心資源

- 製油技術、專業設備
- 製造經驗、各種檢測
- 各式獎項
- 育苗場
- 農民團體

價值主張

- 於 2005 年 4 月成立，是台灣第一家的茶油生產合作社，也是最上游的生產者，產品通過國內外許多認證，連年外銷、100% 品質保證。

顧客關係

- 主動購買
- 口碑行銷
- 專業訂製
- 利他服務

渠道通路

- Facebook
- 官方網站
- 媒體報導、購物平台
- 進駐商家、展覽活動

客戶群體

- 家庭
- 餐廳
- 注重健康的人
- 專業人士
- 公司團購

成本結構

原物料、包裝成本、人事成本、
設備維護成本、行銷成本

收益來源

- 產品售出收益

#C | 創業筆記 ✏️

- 創業最重要的就是「優質的原物料、正確的理念、100% 健康無添加的產品。」

- 成功固然重要容易，但失敗的課程更為重要。

- _____

- _____

- _____

- _____

- _____

- _____

- _____

#D | 影音專訪 LIVE 📹

梅山茶油生產合作社

| 05-262-1327 | 05-262-4327 |
| 0988-671-329 | 0987-934-598 |

https://www.teaseed-oil.com.tw/index.html

嘉義縣梅山鄉中山路 617 號

美萃思電商平台

創造銷售力高峰，帶您領略電商煉金術！

劉國良（Hunter），美萃思電商平台的執行長，透過多元的電商相關系統串流資源，站在第三方角度服務，協助消費者方便於平台內找尋合意商品，亦幫助商家將日常平台管理變得更簡單便利，提供商家及消費者最佳的平台體驗。

CEO 的職責是：取之於勢，不責於人。
對外尋找更大的戰略勢能，對內建立更好的工作氛圍

（圖為公司尾牙活動）

為改善台灣電商生態，一腳踏進創業旅程

資工背景出身的 Hunter 從事資訊科技產業已十年，對於電商相當有熱忱的他一直在思考著，要如何讓台灣的電商生態更進步，並因此一腳踏上電商平台這條路。儘管已有多年的電商系統經驗，但 Hunter 深知經營公司不能單靠技術，還要有商家營運思維，他認為有許多資訊公司擁有強大的程式撰寫能力，但卻沒有實質的銷售經驗，很多消費行為是在撰寫程式的過程中想像模擬出來的，Hunter 希望做出來的系統可以更符合每個角色操作上的情境，於是他找來合夥人－

Julian，擁有豐富的網路服飾及企業軟體銷售經驗，能以商家的角度去做銷售，如此以來美萃思既有技術能量、也有營運能量，便以第三方服務的新興概念創立「美萃思電商平台」。

「美」意味著為客戶帶來美感及觀感良好的網站；而「萃」有「萃取」之意，運用大數據分析及資料探勘幫用戶做行為紀錄；「思」則象徵兩個不同思維，一是站在消費者角色，使其方便於平台內找尋合意商品、降低購物阻力，二是站在商家及使用管理者的立場，簡化做事流程，讓商家可以事半功倍。也因為美萃思取自 matrix 的諧音，matrix 有矩陣之意，如同美萃思的核心價值－替

業主做數據分析及計算，期盼運用數據幫商家找出有效潛在行為，做到含金量高的行銷，更進一步覓得對的客人導入網站。

提供網站健診服務，解決商家營運痛點

現今這個自媒體崛起、大量廣告的時代，網站的操作已經比以往簡單許多，尤其台灣的電商系統相當成熟，消費者也十分習慣此購物模式，因此電商商家如何穩定發展是最主要的課題，Hunter 也反思著如何加速消費者購物結單速度及優化購物流程，他認為消費者在購物前已先預設立場，若平台提供商品標籤搜尋，消費者即可透過標籤

1. BNI 長春分會　　2. 劉國良（Hunter）一家人
3. 公司夥伴　　4. 美萃思團隊與亞馬遜

依顏色、元素、適合場所等分門別類篩選，後台也可將標籤使用率作分析提供商家消費者喜好，可作為商品採購的依據，平台也可與媒體結合持續向消費者投放類似商品之廣告做再行銷，這便是美萃思推出的模式─「商品標籤化」。

除此之外，美萃思還有一項相當特別的服務─網站健診，協助電商商家找出營運上的痛點，Hunter 把電商的數據歸類為以下面向：

（一）、廣告導流：檢視商家在廣告投放及再行銷追蹤的過程中，受眾基本條件設定與本身產業是否有相對應的直接關係。

（二）、搜尋引擎最佳化（SEO）：雖然自然流量的占比整個購物網站流量不高，但轉換率相當高，若商家的 SEO 導流能力較差，便會向商家建議對產業有直接含金量的關鍵字搜尋，並幫它布局。

（三）、媒體導流面：從付費廣告及自然流量廣告檢視商家本身導流能力是否足夠。

（四）、網站動線面：幫商家檢視落地頁開啟速度成效好不好、消費者進站後的跳出率是否過高，並找出網站無法吸引消費者的肇因。

Hunter 認為消費者停留在購物網站的時間多寡與網站的內容息息相關，而網站健診服務可以有效幫商家審視自家網站，讓商家知道如何導入消費者、消費者進入網站後會卡在哪裡、訂單為何流失等問題。

挑戰接踵而來，儘管心力交瘁仍樂觀面對

資安問題一直是電商系統營運時遇到的最大難題，消費者在平台上留下的資料很容易是駭客竊取的目標，每當系統被駭客攻破，消費者對於商家的信任度也會大幅降低，陸續遇到的資安問題也讓 Hunter 感到心力交瘁，然而天性樂觀的 Hunter 不輕易妥協，他認為詐騙事件的關鍵就是消費者留下的電話資料，也因此美萃思規劃大幅度地改變系統，轉成以社群平台的帳號登入，完全不需要露出手機號碼，增加便利性也大大降低風險。

「穩定」是美萃思的最大訴求。由於電商系統必須全天候營運不斷線，硬體設備何時會出錯是無法料想的，Hunter 就曾遇過在國外出差期間台灣的主機硬碟故障無法開機，導致網站癱瘓、商家整天都無法營運，甚至緊急改機票飛回台灣處理；Hunter 說到：「一間公司穩定比什麼重要」，因此他下定決心將平台搬上亞馬遜雲端運算上，縱使要自行吸收成本也要給客戶一個穩定的服務及系統。

美萃思用網站成就你的事業，美萃思用網站讓你專業變現

在龍爭虎鬥的電商平台裡，大多資訊中心以收取年費或月租費當作服務費，而美萃思是台灣第一家以交易分潤為主的電商平台，商家的營收與美萃思有直接的關係；Hunter 提及曾有客戶反饋，與美萃思合作就如同結婚一般讓人不想分開、也無法分開，因為美萃思把產業當成如同婚姻一般細心經營，投入許多人力成本且盡心盡力地做深入服務。

隨著直播拍賣崛起，電商官網的市場也正在萎縮當中，美萃思希望未來可以涉足不同領域，除了做電商官網，也整合購物網站的訂單可以匯入美萃思系統的後台，從控制庫存量、到開發電子發票一條龍的整合服務，渴望讓倉儲人員做事更有效率，也簡化商家的作業流程，並期許系統觸角可以延伸更廣泛、與更多產業做結合。

#B | 美萃思電商平台
商業模式圖 BMC

 重要合作

- AWS
- LINE PAY
- 街口支付
- 藍新金流
- 嘉里大流物流
- 新竹物流
- 黑貓宅急便
- 便利超商
- 鼎新電腦
- 鑫龍商務科技

 關鍵服務

- 網站頁面釋出系統
- 電子發票稽核系統
- 可將低退貨率購物系統
- 品牌官網建置
- 網路健診服務
- 活動講座、線上研討會

核心資源

- 網站架設技術
- 系統平台建置技術
- 行銷能力
- 財會能力

 價值主張

- 美萃思帶商家了解品牌與消費者的一舉一動，會影響到品牌電商整體的銷售業績及獲利，還有電商數據煉金術的神奇之處。

 顧客關係

- 共同創造

渠道通路

- 官方網站
- 報章雜誌

客戶群體

- 中小型零售業
- 網拍業者

成本結構

人事成本、技術成本

收益來源

服務費用、講座費用

#C | 創業 筆記 ✑

- 把產業當成婚姻一樣重要的經營，服務做得很深入，客戶就會不想分開。

- 創業時要思考是不是可以無時無刻都處於備戰狀態。

-
-
-
-
-
-
-

#D | 影音專訪 LIVE 📹

我獨角創業，

UNIKORN
UNIKORN
UNIKORN
UNIKORN

美萃思電商平台

SCAN ME

• LIVE ▶

02-7744-7733

https://www.matrixec.com/

台北市信義區嘉興街 175 巷 9 弄 3 號 3 樓

耀迎科技

要贏在起跑點，就要用對好設備！

Y YAO IN

鄧傳耀（Carter），耀迎科技的總經理。累積多年企業通路商、製造商以及品牌商的經驗，想要好好在銷售與行銷上一展長才，便自行創業並在因緣際會下代理電腦周邊設備品牌進台灣，並開始設計自有品牌，希望雙管齊下能讓消費者買到最物超所值的產品。

可變直立式桌機機箱

做真正想做的事，給真正有價值的產品

從踏入職場開始 Carter 就一路在通路商、製造商任職，爾後更轉往品牌商及廣告公司，待過多間企業也累積多年的產業經驗，Carter 不禁思考自己真正想做的是什麼，他認為自己有結合銷售及行銷的能力，或許這可以讓他做自己更想做的事，於是他決定離開前東家、轉換跑道；而此時他正好接到來自前公司中國區副總的來電，對方想詢問 Carter 代理中國品牌的意願，在洽談的過程中，Carter 才得知公司在中國區電競市場的知名度已是排名前二名，且副總同樣出身台灣，找上 Carter 就是因為想把這個品牌帶回台灣被更多

人看見，兩人很快地就達到共識，Carter 便順其自然地成立了公司──「耀迎科技」。

Carter 發現到市場上有許多產品其實沒有很高的價值、卻以很高的價格在販售，他認為消費者能有更多、更好的選擇，這也是他想創業的契機之一，希望能篩選品牌代理進台灣，幫消費者把關真正品質好價格亦合理的產品，以高性價比的方式供給消費者入手，消費者不必再等拍賣或特價時才能採購，可以在產品一上市、第一時間就購入，「消費者值得更好的產品」Carter 說道，「把真正好的產品帶給消費者」就是耀迎科技的核心理念，將產品代理進來後，為其打造良好的包裝與行銷策略就是企業的職責所在。

堅持全程 MIT，讓顧客感受到產品的特色

電競雖然屬於新興產業卻已經是個相當成熟的產業，且也已被列入正式的運動項目，可想而知電競族群的規模及影響力之大，市場競爭力也相對地高，因此電競市場是耀迎科技主要的營運項目，也因為以往的公司是由品牌商轉而投入電競市場，Carter 對於電競市場的脈絡相當熟稔，公司主要以代理九州風神此品牌為主；而除了代理品牌 Carter 也投入開發自有品牌，他認為工業電腦是個龐大的市場，但工業機箱的領域雖然進入者多、品質卻參差不齊，於是 Carter 決定導入自己的想法與多年的產業經驗，與研發工程師一同

設計，他還為此買進許多同行的品牌研究，針對缺點作改良，設計的工業機箱結合坊間他牌所缺乏的特點，大大地解決用顧客在使用上的痛點，並找台灣在地工廠生產製造，從設計到產出全程都是百分之百的 MIT，希望顧客在使用上可以感受到高級的享受。

除此之外，耀迎科技也為顧客做 OEM，為顧客量身打造符合需求及想法的產品，作為媒合的角色、幫顧客對接工廠，為他們創造專屬的品牌，希望在打造自己的品牌之餘，也為顧客實現品牌的夢想；而也因為像這樣代理商兼擁有自有品牌的企業實屬少見，在金峰獎上得到評審的肯定、大放異彩。

好的產品會說話，穩紮穩打總能被看見

「創業不外乎就是需要人脈與金流」Carter 說道，以往都在百大企業任職，有了公司的光環加持使他在活動商場上總是無往不利，然而褪下公司的背景支撐、隻身出來闖盪創業後，因為企業主對於新創的品牌往往會嚴格挑選且較多要求，洽談合作的過程不如想像中的順遂，跟以往有明顯落差的待遇，但 Carter 明白「要得到別人的認同、自己要先有實力」與一般的代理商不同，Carter 代理的品牌其實為數不多，因為他想專注在現有的品牌上，他相信穩紮穩打、總有一天品牌能做出口碑；而皇天不負苦心人，公司的發展逐漸趨於穩定，在口耳相傳之下也愈來愈多公司上前找 Carter 洽談企劃或活動的合作。

耀迎科技的產品至今得到不少高度的肯定，「一組裝完就知道這真的是台灣製造的」、「跟以前用過的完全不一樣」、「用料很實在」……，種種顧客的反饋都讓 Carter 覺得與有榮焉，他提及，曾有任職於竹科的顧客不僅對他相當支持，也常提供科技業的市場訊息給他，並給予許多意見及功能上的建議，兩人也因此結識成好友；Carter 對於自己的品牌相當有信心，不論是產品組裝上的順手程度、使用起來的便利性，都是別國品牌望塵莫及的、也是 Carter 最引以為傲的。

努力迎頭趕上，期許躍身國際

「耀迎科技」的「迎」一詞是承先啟後之意，希望把以往在職場上所學的知識及傳統傳承下去，也象徵著 Carter 會帶領著公司努力迎頭趕上，期許能踏上前輩的成就與腳步；而耀迎科技至今已邁入第五個年頭，除了繼續在自有品牌及工控領域深耕，也希望替消費者尋覓更多 MIT 產品的合作夥伴，為消費者提供全方位的解決方案，讓其不需要在到處尋找通路，在國內就一次性把所需的設備器材買進；Carter 亦規劃在五年內更深入發展工業電腦的區塊，他認為台灣的品牌在國際市場上一直是被認可的，不僅台灣出口、更重視台灣製造，Carter 也很清楚知道這是屬於他的利基市場，希望能乘著這個趨勢躍身國際市場。

而提及創業，Carter 以自身為例，他自認自己的銷售及選購產品能力良好，但也坦言在財務管理及公司未來發展的面向一直都是且走且學習、一路不斷地變動，為了不造成公司的壓力他下足了工夫，也認知到如果對於人事、財務及未來走向的方面沒有深層了解，公司會走得很辛苦，Carter 說到：「一定要熟悉自己產業的企業五管——『產銷人發財』」，最重要的是「千萬不要想退路！」一旦想著有退路就會想退縮，這樣畏畏縮縮的態度成功就會愈來愈遙不可及了。

#B | 耀迎科技
商業模式圖 BMC

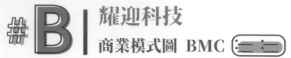

重要合作

- PC_PARTY
- NOVA
- PCHOME
- 蝦皮拍賣
- 九州風神

關鍵服務

- 電腦機殼
- 電腦水冷系統
- 空冷系統
- 筆電散熱器
- 電競電腦周邊
- 工業電腦

核心資源

- 技術人才
- 自有品牌
- 研發工程師

價值主張

結合業界擁有電腦週邊與影音 3C 相關長期運作之人才，為消費者提供完整的整合服務，並於自有品牌領域不斷創新。主打代理符合高品質產品與高安全規範的商品。「品牌 & 服務」是公司的核心理念，以高規格標準來滿足客戶與消費者需求。

顧客關係

- 主動購買
- 共同協助

渠道通路

- Facebook
- 官方網站
- 購物平台

客戶群體

- 電腦公司
- 數位科技公司
- 經銷商
- 代理商
- 熱衷電競比賽者

成本結構

設備採買與維修、技術人事成本、行銷成本、設計成本

收益來源

產品售出收益、服務費用

#C | 創業
筆記 ✏

- 要得到別人的認同、自己要先有實力。

- 一定要熟悉自己產業的企業五管——「產銷人發財」。

- _____

- _____

- _____

- _____

- _____

- _____

- _____

- _____

#D | 影音專訪 LIVE

#A

路明思生技

鑽石恆久遠，創新改變走向產業最高端

LUMINX

蘇隆畯（Harry），路明思生技的執行長，在學期間就讀材料開發，因緣際會下參與創業比賽榮獲首獎，利用所學開發獨樹一幟的「螢光奈米鑽石標靶」技術，讓鑽石發光照亮細胞，藉此追蹤細胞在生物體內的蹤跡，期盼為細胞治療產業帶來突破、造福社會。

路明思生技細胞追蹤試劑套組

毅然決然創業，解決以往無法解決的痛點

Harry 在研究所及博士班就讀材料開發及應用，在求學過程中有許多機會可以與醫生、教授等第一線細胞治療相關人員作交流，Harry 認為細胞治療在生醫領域相當獨特，也一直希望可以將學術研究的成果串聯到產業，並對細胞治療產業有貢獻，他相中螢光奈米鑽石的前瞻性、也看到商業運轉的機會，正好在因緣際會下參與 FITI 科技部創新創業激勵計畫 (From IP to IPO)，並拿下首獎、榮獲創業基金，Harry 便毅然決然踏上創業的道路，創立「路明思生技」。

細胞治療即是取用自身的免疫細胞、幹細胞，先在體外培養好再打回體內進行治療，在現今的生物醫學研究中相當熱門，從實驗室開發端、臨床前實驗到臨床實際應用，整個產業鏈都需要法規嚴格把關，但這些細胞打入體內後，如何知道它們的蹤跡呢？它在人體內的時間是多久呢？有沒有真正達到療效修復受傷的器官或組織呢？

換句話說，以目前傳統的治療方法並沒有辦法解答這些問題，細胞進入體內後的路徑還沒被釐清，我們只能等著看結果有沒有成效，並無法確切掌握細胞的動態變化，而路明思即是用螢光奈米鑽石來解決以往所不能解決的問題，補足現有生物技術做不到的功能，用細胞取代傳統藥物進行治療。

Diamond forever！鏈接細胞標定之首選

奈米鑽石的結構與一般的鑽石相似，透過人工加工方式讓鑽石材料鏈接到細胞標定，讓細胞標上 GPS 功能的螢光，進而追蹤細胞在體內的動向，也可測量細胞的數量。而為什麼會選擇鑽石呢？Harry 堅定地答到：「Diamond forever！」，因為奈米鑽石的螢光發光度幾乎可以永遠存在、相當穩定，加上其中所含的碳和氮皆是生物體內常見的元素，碳原子的結構緊密、形成的晶格很小，其他較大的原子不易與其參雜，與生物體有高度的相容性，且無毒性、對體內細胞無害。

細胞治療產業屬於新興產業，其中牽扯延伸到許

1. 2020 BioASIA 基因線上專訪　　2. 公開演講
3.5. 參展合影　　4. 國家新創獎－初創企業獎頒獎

踏出舒適圈，轉換身分成創業家

最一開始 Harry 對於如何做生意、如何推廣產品等營運上的瑣事一竅不通，出身於化學系、頂著中研院的背景，Harry 一直是實驗室裡的資優生，但踏出學術界的舒適圈，轉戰至商業戰場才體認到兩個領域間的迥然不同，產業中要求的規格、潛在的規則與原本所接觸的大相逕庭，在學術界積累的訓練及經驗值並不一定能在生意場上派上用場。

Harry 不諱言，以往做學術研究有豐沛的資源做後援，然而出來闖盪創業就如同斷了金援，除了要想辦法在市場上存活以外，尋找資金、籌備計畫、行銷推廣等凡事都得靠自己。「要向誰販售？誰願意買單？」是創業初期最大的盲點，覓得伯樂是最大的考驗，Harry 選擇就近從身邊的人開始推廣，將產品一一介紹給周圍的老師使用，一方面解決老師的問題，另一方面蒐集使用者的回饋。

加強自身底蘊，決定了就做到底

提及第一筆訂單，Harry 仍心存感激客戶願意給予合作機會，這對尚在草創期的路明思而言是偌大的激勵及驚喜，歷經試驗及稽核，終於關關難

過關關過，順利繳出確效報告、有個完美的結果。路明思可以說是在疫情陰影下創立的公司，但 Harry 認為台灣的防疫措施做得相當好，還可以外出與客戶做交流及拜訪，Harry 也趁現在關起門來增加自己的底蘊，希望能在台灣深耕、把根扎深，累積案例經驗並建立完善的流程，期許未來能夠以台灣為跳板，將觸角延伸至日本、中國甚至美國等地大放異彩。

路明思的英文名是「LuminX」，結合「lumin」及英文字母「X」，「lumin」有光的意思，意味著產品的鑽石用料會發光，「X」則是因為鑽石裡面添加的發光中心結構與英文字母 X 很相似，亦象徵著要如同 Google 高端的 X 實驗室一般，路明思也將走向生物科技產業的頂端、創造高峰。

Harry 想提點時下欲創業的年輕人，創業其實很有趣，可以在過程中找到自我價值，但這條路漫無邊際，要釐清當初想創業的目的，因為創業後每天都在加班，甚至沒有自己的生活，再艱辛、再困難自己的天下就要自己去闖盪，既然決定了就要做到底，要有一番作為才是對得起自己，因為 Harry 深信「只有走出來的美麗，沒有等出來的輝煌」。

多法規問題，過去或許一般業者接受度不高，但是今年初通過了特管法後，這塊產業立刻搖身一變成了當紅炸子雞。目前路明思公司定位在臨床前的大小動物實驗，主要客戶在於學術研究單位、試藥公司或細胞產品開發企業，做早期細胞產品的研發，協助廠商清楚掌握產品狀況及特性，希望藉由此模式蒐集實用案例累積數據，讓技術推廣到市場、讓更多人可以看到產品，並真正幫助到臨床上的患者。

#B | 路明思生技

商業模式圖 BMC

重要合作

- 臨床前實驗
- 學研教授

關鍵服務

- 細胞追蹤試劑販售
- 創新型細胞療法開發與驗證輔助平台
- 幹細胞、免疫細胞、癌細胞擴散追蹤
- 生技相關服務

核心資源

- 螢光奈米鑽石技術
- 標靶與影像定量分析技術
- 學術研究成果

價值主張

- 擁有獨特的「螢光奈米鑽石標靶」技術，瞄準再生醫學、精準醫療和全球競逐幹細胞治療產業鏈的發展需求，於細胞學模型與實驗動物模型的臨床前試驗平台與評估。

顧客關係

- 共同創造

渠道通路

- 官方網站
- 創業比賽
- 報章雜誌
- 科技展
- 成果發表交流會

客戶群體

- 學術研究單位
- 試藥公司
- 細胞產品開發企業

成本結構

技術開發、人事成本、行銷成本

收益來源

產品售出收益、服務費用

#C | 創業筆記 ✎

- 創業這條路很漫長且漫無邊際，要釐清當初想創業的目的。

- 只有走出來的美麗，沒有等出來的輝煌。

- _____

- _____

- _____

- _____

- _____

- _____

- _____

#D | 影音專訪 LIVE 📹

路明思生技

https://luminxbiotech.com/

台北市南港區園區街 3 號 F 棟 17 樓

程式馬大數據科技

一窺數據分析背後奧秘，資料處理不必再搞到天荒地老！

張孟駿，江湖人稱「小馬」，程式馬大數據的創辦人，程式馬的那匹馬。一畢業即踏入數據分析的領域，從自己接案的 SOHO 族到公司創辦人，小馬有近十年的資料處理經驗，擅長將艱澀難懂的工程技術轉化成直白語言，強化溝通效率並節省作業時間，解決顧客於資料運用上的痛點。

2020 年，《發現新台灣》節目受訪

萌生興趣、一頭栽進數據分析的領域

小馬的大學與研究所皆就讀經濟系，每天浸濡在大量的數據與統計資料裡，也學會使用統計軟體，並漸漸地從中培養出興趣。甫出社會的他進入上市公司任職，過程中開始摸索有關資料處理的程式語言及相關軟體，積極進取的態度及優異的工作表現，讓未滿三十歲的小馬順利升遷為部門主管。

主管職位促使小馬有更多機會了解上下游合作的縱橫脈絡，於是將資料處理的標準流程運用在不同產業領域，開始於下班時間跨域接案、並逐漸累積經驗。原本對於創業並未有特別想法，但在客源趨於穩定且源自多方、不論平行端或垂直端合作多以 B2B 模式進行等諸多考量之下，小馬為解決客戶疑慮、也讓彼此方便且安心作業，遂於 2020 年二月離職後，於三月成立了「程式馬大數據科技（股）」。

不僅服務、也提供教學
宣揚技術、也傳遞知識

以電商購物平台為例，從會員登入開始、瀏覽網頁、操作頁面、選購商品、結帳等動作會累積相當大量數據，此數據蒐集會先存入應用程式端的資料庫，以備後續分析運用，但若存入的資料庫與後續做分析的資料庫相同，會導致後台做分析時，前端使用者也遭受影響，因其共用了相同的硬體資源，因此需要將數據分析資料庫再特地分離出來，這過程稱為 ETL——擷取（Extract）、轉換（Transform）和載入（Load）——即在原本「應用程式端資料庫」與「分析用資料庫」間搭建橋樑；而當「分析用資料庫」建置完畢後，還需將原始資料再做資料清洗、資料採礦等處理，才能視客戶需求將處理過的資料拉成報表、做視覺化呈現、數據分析或統計檢定等不同的產出型式。從最初建置資料庫、經 ETL 建立分析資料庫、將分析資料庫內容萃取成客戶所需數據，此完整歷程就是程式馬公司主要的營運內容。

1. 2019 年，iT 邦幫忙鐵人賽——首本系列書
2. 2020 年，資料創新應用競賽——經濟部開放資料應用組金獎
3. 2019 年，國立中正大學——AI 與數據分析實戰入門工作坊
4. 2020 年，法務部司法官學院犯研中心——資料庫安全說明

除此之外，程式馬致力於活化各產業之「資料運用」，亦將服務面向延伸至顧問諮詢及講座課程，讓企業、校園等機構透過課程得到更多關於數據分析的資訊，並了解資料處理的標準流程，即人們慣稱「大數據」的領域內容。

一條龍服務，當客戶的程式語言翻譯機

「資料一條龍」是程式馬的核心服務，有別於一般科技公司，客戶在不同階段會面對不同部門及工程師，而傳統工程師多不擅言詞、或是慣用專有名詞交談，導致彼此間產生認知落差及溝通隔閡；程式馬的一條龍服務可以讓客戶免於對應多個窗口，單一對應窗口可將各階段艱澀難懂的工程技術轉化成平易近人的直白說明，此流暢且全面的溝通能使客戶充分理解專案各環節，也能讓客戶了解案件定價與工作時長是如何評估而成的。

小馬認為，資料處理存在專業技術門檻，許多人光是為了準備要拿來分析的數據，就花費八至九成的時間在統整資料或清整內容，導致真正具備領域知識的專家，可運用專業以進行學術研究或分析決策的時間遭壓縮了。技術上，只要透過例如 SQL 語法與 Python 程式，不僅可以得到相同的資料結果，亦大幅節省了時間成本，專業程度更不在話下，資料面向也更具彈性。

小馬恪守熱心、專業、樂於溝通的優良態度，持續努力推廣上述觀念，以宣揚資料處理的市場價值。公司理念是「成功不必在我，苦工我們承擔，掌聲留給你們。」程式馬更專注於資料處理的過程，將最終完善的資料結果或處理技術交還給客戶充分使用。

創業不是玩票性質，心態對了很重要！

程式馬目前以「勞務」服務為主，並無實質產品或網頁服務可使客戶消費，不過小馬認為資料處理與數據分析存在完整的架構與脈絡，寫成標準化軟體對於客戶端的實用性與便利性也相當高，未來有望往軟體開發的方向前進以拓展市場。

目前程式馬的商業模式以兼職合作為主，有上游業務與下游技術人員，大家共同執行一個案子，只要約定時間線上會議、不需進辦公室，可自由地支配自己的辦公時間，正好符合疫情期間所需。然而長遠來說，縱使有許多穩定的合作資源，但公司實際營運仍只有小馬一人，考量到陌生企業主對於新創公司往往存有疑慮、較無法信任，故未來亦規劃招募業務及技術人員進入公司，除了壯大規模之外，也期許未來能接手來自上市櫃公司或政府標案等更高金額的大型案件。

「不要為了創業而創業」是小馬對於創業後輩的耳提面命。據研究顯示——創業一年內即倒閉的機率高達九成，而存活下來的一成中，又有九成會在五年內倒閉。換言之，能倖存的新創公司可說是寥寥無幾，面對這樣的險路，是否能成為那倖存的公司是首要考量問題；小馬說到：「能不能接受耗時多年卻賠光所有資金僅為一圓創業夢？如果可以，那就去吧！」他認為對於創業抱持的心態相當重要，除了要先摸清自己的成本、營收、獲利來源、如何穩定發展等現實的營運問題以外，還要清楚自己是否有能耐、有充分實力可以通過市場驗證，尤其在以接案維生的產業領域裡，能先通過市場考核，創業才值得一試。

2021 年，資料創新應用競賽——內政黑客松統計寫手特別獎

#B | 珵式馬大數據科技

商業模式圖 BMC

重要合作

- 法務部司法官學院
- 勞動部勞安所
- 司法院
- 國立台灣大學
- 國立中正大學
- 國立臺灣師範大學
- 歷峯集團 (Richemont)
- 安得利集團 (Andari)
- 藍天麗池飯店

關鍵服務

- 資料處理、數據分析
- 報表製作
- 顧問諮詢
- 講座課程
- 實作教學

核心資源

- 程式設計
- 資料運用技術
- 數據分析經驗
- 榮獲許多獎項

價值主張

- 本公司為資料處理與數據分析的大數據專家，從資料庫建置、資料清洗、資料採礦、視覺化報表製作、數據分析、決策建議報告等，完整一條龍服務。

顧客關係

- 共同協助

渠道通路

- Facebook
- 官方網站

客戶群體

- 企業
- 商家
- 從政人員
- 政府部會
- 行銷公司
- 教職體系
- 專業人員
- 個體戶

成本結構

技術成本、營運成本

收益來源

勞務服務費用、講座課程費用

TIP1：不要為了創業而創業。

TIP2：要清楚自己是否有能耐、有充分實力可通過市場驗證。

#C 創業筆記 ✍️

成立時間：2020/03/31
團隊人數：1(正職)+10(兼職)

Q 公司社群媒體的策略是什麼？

A 目標客群非一般大眾，經營官網與社群的策略在「重質不重量」的發文，包括服務案例與經驗分享。我們不需要每天衝人流衝買氣，我們只需「當客戶於網路上搜尋大數據服務時」，可以找到我們並依據發文瞭解我們是足以勝任的。

Q 公司規模想擴大到什麼程度？

A 逐步擴大，依據案量漸漸招聘足以勝任的正職員工，往後三年內擴充到 5 名正職是預期理想。相對的，前提是公司有足夠的案量，可以支付正職員工薪資，並維持公司處於獲利狀態。所幸以目前經營進度，案量皆有超乎預期的成長，我們並不盲目地規劃五年十年，而是腳踏實地的經營舊有客戶、持續開發新客戶，並持續充實技能讓公司保持市場競爭優勢。或許公司的擴張不如其他新創公司來得快，但我們有把握能維持公司每年獲利狀態。

Q 目前該服務的獲利模式為何？

A 公司經營包含五大項目：資料處理、數據分析、報表製作、顧問諮詢、講座課程，皆屬勞務服務，並搭配輔以運作的軟硬體，案件終結時可技術移轉回客戶。由於沒有商品成本與過多的營業費用，兼職合作的費用又可由已成案的案件收入來支付，此模式可說是「有收入才會產生費用、且費用又比收入來得少」，此為公司創業首年即獲利，且往後每年皆有信心可維持獲利的主要模式。

#D 影音專訪 LIVE 📹

獨角創業，我
UNIKORN
UNIKORN
UNIKORN
UNIKORN

程式馬大數據科技（股）

SCAN ME

● LIVE ▶

02-8911-8931

https://datama.com.tw/

新北市新店區復興路 10 號 4 樓

酷奇科技

#A

那些你不知道的投資大小事，交給 AI 為您掌握！

顧家祈，酷奇科技的創辦人，他發現到即使是背後擁有研究團隊支援的理財專員，也無可避免面臨到投資失利的窘境，他看見了金融市場的痛點，於是投入了理財機器人的研發，希望藉此降低人事成本及人為判斷錯誤之缺點，並幫助投資人優化投資成果。

受 AlphaGo 啟蒙，研發理財機器人

2016 年全國關注的新聞要點莫過於 AlphaGo 在棋藝大賽中贏過了韓國棋王李世乭了！這一場對弈也成為人類在圍棋界與 AlphaGo 抗爭中的絕響，而 AlphaGo 之所以會讓人為之驚艷並不是它的圍棋能力，而是它卓越的學習潛能，以及自我精進的學習能力，從業餘棋士的水平到世界第一的實力，AlphaGo 只花了僅僅兩年左右的時間，消息一出，無疑是刷新了人類對於 AI 的定義。

同樣也被此新聞點醒的還有顧家祈，頂著台大數學系、商學研究所的高學歷背景，年紀輕輕的顧家祈很早就開始投資理財，他發現縱然許多理財專員背後皆有研究團隊支援，也可能會有投資失利的時候，「AI 既然可以學會圍棋，那能不能學會買賣股票作投資呢？」顧家祈思考著，於是他找來志同道合的夥伴，並收集股票漲跌數據，用 AlphaGo 的概念給投資建議，並以自己的英文外號 Ku-chi 為公司名，創立了「酷奇科技」。

市場規則千變萬化，交給機器去學習

經濟市場變動快速，經濟理論常常失靈，顧家祈說道，他認為與其單靠人類重新觀察新的市場規則，不如交給機器去學習，投資報酬率更優化也更有效率，用 AI 做投資就是酷奇科技最大的特色，藉由數據分析算出股票的歷史報酬率以提供使用者最佳的進場時機與選擇股票的建議，也善用 AI 自我改進的學習能力，在瞬息萬變的投資市場裡，有別於以往傳統程式交易，每每市場變動時，還需要人工調整參數再寫一個全新的策略，而 AI 則會自己從新的市場規則裡精進應對策略。

雖然 AI 尚有它的盲點，且法律對於引進 AI 至金融市場仍有許多限制，顧家祈也提出酷奇科技的三大保證：

（一）、完全合乎法規，有完整的歷史分析及即時資料，且擁有一般人不易取得、不易分析的各種市場資訊。

（二）、充沛的 CPU 及 GPU 訓練：工程師可以分配到完整的訓練資源，透過大量實驗讓 AI 真正學習到實戰的交易策略。

（三）、完整的業界人脈：在金融市場裡人脈是不可或缺的資源，除了與業界合作推出合法的產品以外，亦不排斥與業界專家交流以提升 AI 交易能力。

酷奇科技目前也有與富邦期貨及富邦證券合作，可直接將資金全額委託機器人做理財，只要到富邦詢問 AI 相關產品即可跟單。有了 AI 理財機器人後，人類不需要再去找尋投資趨勢、寫策略，大幅降低了人事成本，也能避免人為判斷錯誤的風險、增加穩定度。

AI 理財太新穎，既虧錢又遭質疑

投資理財有賺有賠，AI 也並非無懈可擊，當然也會有看不準而虧錢的時候，然而外界卻不把它看成是風險，反倒認為是因為 AI 無法做投資，作為一項創新科技的產品，質疑的聲浪從沒少過，但投資理財本是一段漫長的過程，顧家祈穩住腳步、慢慢地走，雖然有客戶因為虧錢而放棄，但依然有繼續跟著 AI 操作的客戶後來都有大賺，撐過了艱辛的時期，信任感也逐漸回升，客戶的正面反饋紛沓而來，甚至很感謝有這套技術。

根據統計，完全不跟 AI 合作的單與跟著 AI 下的單相比之下提高相當多的勝率，本來虧錢的客戶轉成賺錢的例子也不在少數，顧家祈認為投資絕對是必要的選擇，或許未來會通貨膨脹，錢放在銀行已經不見得是最保險的存錢方法了，價值甚至還可能會慢慢縮水。而投資理財有許多選擇，有些人喜歡風險稍高但績效較好的投資方法，那就很適合選擇 AI 理財機器人，不像人類會受心理因素影響而貪心或恐懼，機器人則十分客觀且能夠理性作規劃投資，將錢做最好的配置。

金融法規限制多，合法才能長久生存

如今，酷奇科技已邁入第五個年頭，雖然 AI 理財機器人才剛起步，但顧家祈對於未來的規劃很扎實，他希望開放大眾使用理財機器人的那天能早日到來，也期望未來可以開發出基金投資，並與政府合作，讓 AI 投資、交易及操盤的技術可以更廣為人知，打造出真正的 AI 避險基金，讓大家可以安心投資進而帶來更好的生活。

全額委託及代客操作有許多法律上的限制及注意事項，顧家祈說道，不論想從哪個面向切入市場，「合法」絕對是最重要也最基本的，一定要合乎法規才是長遠之計。走在科技的前端，顧家祈也以過來人的身分耳提面命提及：「不要想美化所有的績效！」誠實面對自己及客戶是必然的，當你開始找藉口想要拿偽裝的績效與客戶解釋的時候，往往很容易忽略再精進自己能力的重要性，如此華而不實的事業體也就不可能走的久遠。

#B | 酷奇科技
商業模式圖 BMC

重要合作
- 富邦期貨
- 富邦證券

關鍵服務
- 投資期貨分析
- 投資股票分析

核心資源
- 人工智慧交易策略

價值主張
- 以增強學習模型訓練 AI 交易員，在瞬息萬變的金融市場中優化你的投資成果。投資人不僅可以藉此改善他們的交易績效表現，還能降低人事成本和避免人為判斷錯誤。

顧客關係
- 個人協助

渠道通路
- 官方網站
- Facebook
- 課程博覽會

客戶群體
- 投資客
- 證券公司

成本結構
技術人事成本

收益來源
服務費用

#C | 創業筆記

- 不要想美化所有的績效，誠實面對自己及客戶是必然的。

- 不論想從哪個面向切入市場，合法絕對是最重要也最基本的。

- _____
- _____
- _____
- _____
- _____
- _____
- _____

#D | 影音專訪 LIVE

#A 私宅食品

創業的夢想之旅，從學做雞蛋糕啟程

蕭哲坤（六哥），私宅食品有限公司的創辦人。因為家人的緣故決定站出來研發天然的食品配方，秉持著減少添加物的核心概念成立自己的健康品牌，不僅販售自家的雞蛋糕粉及鬆餅粉，亦有雞蛋糕製作教學，希望可以將技術及理念傳承延續，讓雞蛋糕不僅是國民小吃也能吃得健康無負擔。

私宅配方粉

從妹妹身上得到啟發，踏上創業之路

外號「六哥」的蕭哲坤是個斜槓創業家，創業至今已有十年的經驗，而問及「私宅食品」的啟業契機，他答道，全是為了家人。

六哥有個特別的妹妹，在學校特教班的教學下，六哥發覺妹妹對烘焙與料理情有獨鍾，平時都會下廚給家人吃，也很樂於嘗試與學習，但他也發覺到妹妹對數字與文字的理解能力較差，做出來的品質不穩定、時好時壞，更在醫師的檢查下發現到妹妹的病症並非先天性的，可能是母體的飲食及藥物殘留才導致的缺陷，而這結果猶如醍醐灌頂，也讓六哥意識到飲食與健康的重要性與關聯性，便決心研發健康的食品配方，希望消費者能接觸到乾淨少污染的食物。

理念不是空談，實際行動讓市場看見

六哥來自於單親家庭，他知道很多人和他有相似的背景，或許會覺得家庭不完整、求職不順遂，之所以命名為私宅即是象徵品牌就像個溫暖的家，希望所有加入的人都可以喜歡並感受到暖意；而標誌有著雞、大象與房子三個代表元素，「雞」意指產品雞蛋糕與雞蛋糕粉；選用「大象」則是因為跟人類一樣屬於群居動物，需要互相拉拔、彼此照顧，也有長壽及福氣的象徵，藉此希望加入品牌的學員都可以因此得到長期的事業；「房子」則是想要帶給大眾歸屬感，不論是消費者或是加入品牌的學員都可以捨棄鉤心鬥角的心思，在這裡無私的分享與奉獻。如同六哥的啟業發想，公司的命名、標誌的設計背後皆蘊藏著溫暖的涵義。

隨著洗腎人口及糖尿病患者人口占比居高不下，且很多過敏原及病原都是食物誘發出來的，病從口入的慘痛體悟六哥早已有切身之痛，他看不慣市場上許多店家總打著行銷包裝的噱頭很受消費者的青睞，消費者的眼光總是在意口感是否美

1. 初期私宅攤車販售場景
2. 電烤爐雞蛋糕試烤
3. 學員互相諮詢與討論
4. 雞蛋糕粉配送至全台各地
5. 學員操作練習
6. 學員練習製作雞蛋糕

味、外形是否吸睛，鮮少有人在意食物的成分以及吃下肚裡的反應；而私宅一直以來都堅持「吃得安心、吃得健康」，起初私宅是全台少數強調健康理念的雞蛋糕，雖然特立獨行但六哥始終堅持信念並實際履行，希望透過具體行動讓市場看見，也因為近幾年愈來愈頻繁的食安問題，許多同行也跟進做轉變，都再再證明了六哥獨到卻深遠的目光。

創業＝開啟被錢追著跑的生活

然而就如同六哥所云：「創業沒有蜜月期，挫折是每個創業者一定會遇到的事」。

對於非科班出身、沒有背景也毫無頭緒的他而言，研發食品豈是一蹴可幾的，六哥耗費大部分的精力與財力鑽研書籍，還到食品及化學相關科系的課程旁聽，除了滿足以前無法念大學的夢想以外，也攝取到更專業的知識，更因此結識到相關科系的同學及教授，甚至他的營養師夥伴也是在此階段認識的，私宅的產品都是兩人共同參與研發製造的。

六哥形容「一直被錢追著跑」即是草創期的日常，為了研發他不惜與銀行貸款近百萬，埋首近兩年才成功開始販售相關原物料，這段日子裡幾乎沒有收入，公司財務入不敷出，好在遇到國外的貴人，特地遠從中國、新加坡、馬來西亞、美國等地前來學習技術，並帶回國外販售，不僅增加了公司的營收入，也打亮了私宅的品牌知名度。

創業不能亦步亦趨，從零學起、打穩基底

如今，私宅已邁入第五個年頭，以教學技術為主，不做加盟、純粹做技術轉移，目前已有多達千名的學員，在業界已佔有一席之地，六哥甚至曾受邀至台中女監教導受刑人製作雞蛋糕，希望為受刑人培養一技之長，出獄後也能有自力更生的能力，六哥也在其中發現到受刑人的渴望求知及洗心革面的意志很強烈，更從過程中體悟到教學的意義。

此外，六哥在教學上是出了名的嚴謹，相當注重品質且嚴格把關，配方有營養師的控管保證，也經過檢驗合格及符合法規，他對自家的配方胸有成竹，所以對於學員篩選亦相當嚴格，他希望學員的態度要積極、想法要正確，也希望學員的技術及掌控能力要到位，才不會辜負他對配方的一片用心。

談及創業，六哥自有一套烏龜創業哲學，他說到：「路是自己選擇走的，成功要堅持跨出一大步，但放棄往往只要一小步」；雞蛋糕不如想像中簡單好做，雖然成本低但利潤也有限，所能創造的產值也有限，要評估自己的開銷是否足以支撐創業的一切支出，不僅學費，後期還有硬體設備成本、店點的門面設計等等的隱性成本，創業不能只是人云亦云，而是從零開始學起，所以基底要打穩，因為學成技術沒有捷徑，切忌「貪快」，要腳踏實地堅持到底、不躁進。

#B 私宅食品
商業模式圖 BMC

重要合作

- 蝦皮購物
- 鮮奶油販售商
- 產品保險
- 產銷履歷雞蛋
- 法律事務所
- 部落客

關鍵服務

- 魚菓燒
- 創業輔導
- 技術教學課程
- 雞蛋糕粉
- 鬆餅粉、調味粉

核心資源

- 自家雞蛋糕粉
- 製作技術、營養師
- 教學指導、營業登記
- 獨家低敏配方

價值主張

- 私宅的五大堅持：食初心、食安心、食健康、食傳承、食教育，強調食材的安全性與符合人體健康吸收標準調配而成。

顧客關係

- 主動購買
- 共同協助

渠道通路

- Facebook
- Instagram、linktree
- 官方 LINE、網站
- 購物平台、實體空間
- 部落客推薦文

客戶群體

- 喜歡雞蛋糕的人
- 喜歡烘焙的人
- 想轉行的人
- 想創業的人
- 想學一技之長的人

成本結構

原物料成本、營運成本、設備維護成本

收益來源

產品賣出收益、教學費用

#C | 創業筆記 ✐

- 創業沒有蜜月期，挫折是每個創業者一定會遇到的事。

- 路是自己選擇走的，成功要堅持跨出一大步，但放棄往往只要一小步。

- _____
- _____
- _____
- _____
- _____
- _____
- _____

#D | 影音專訪 LIVE 📹

私宅食品

0958-320-415

fb.com/HomeMade.com.tw/

台中市西屯區烈美街 38 號

#A

John 手作蔬食

不「蔬」饕餮盛宴，滿足每個挑剔的味蕾

林滋良（John），John 手作蔬食的店長，因為喜歡自己動手做，從小就懷抱創業之夢想，選擇少見的義式素食料理開啟創業之路，期盼大眾揮別傳統對於素食餐點的既定印象，並藉由獨樹一幟的風格讓大眾看到不一樣的素食料理。

店內餐點

目標清晰，從小立志創業

John 的父母親從事食用油買賣，看著白手起家的父母親為了生意奔波，天真無邪的 John 默默許下了願望——長大後也要有屬於自己的店，然而 John 沒料到的是，懵懵懂懂發下的豪語彷彿替他的未來埋下了伏筆。

初出茅廬的 John 先是投入保險業，再轉而到廣告活動行銷產業，然而儘管好幾年過去了，小時候的夢想仍迴盪在他耳裡揮之不去，他未曾忘記他的願望，雖然只是幼年時的童言童語、覺得開店很酷，但 John 亦覺得並不是不可能，於是他便開始規劃他的創業之路。

由於家中信仰的緣故，一家人皆是蔬食主義者，喜歡自己動手做的 John 覺得自家的東西與外食相比大有特色，且彰化的素食人口眾多，每三五步就有一間素食麵攤或自助餐，加上現代人響應環保、注重健康飲食，蔬食確實是未來的一大趨勢，John 便順勢創立了「John 手作蔬食」。

不惜成本，堅持選用天然食材

打從一開始 John 就很清晰自己的目標即是手作蔬食，但市面上已經有許多素食路邊攤、自助餐或中式餐館，且大眾對於素食的既定印象不外乎就是青菜、蘿蔔、豆腐、蛋，John 想要顛覆傳統對於素食的刻板印象，他思考著，既然彰化已經有眾多的素食店了，那就必須做個與眾不同的風格，於是他決定以少見法式和義式的素食料理為主打，讓顧客有新穎的選擇，也可以讓顧客體會到素食與想像中的不一樣。

店內主要販售義大利麵、燉飯、披薩和漢堡等的義式料理，每一項料理都是賣點，John 提到，義大利麵除了一般的紅醬及青醬以外，還有特殊的咖哩醬及奶油醬，且醬汁皆是依比例手工調配而成的獨門秘方；而披薩的餅皮也是自己親手擀的，除了一般麵粉以外亦添加了小麥麵粉，因此烤出來的披薩會特別的香，每一項餐點都是店內的招牌。

1. John 手作蔬食的招牌
2. 舉辦活動
3. John 手作蔬食是聚餐的好所在

特別的是,店內的漢堡排特別選用了現今風靡全球的「未來牛肉」及「新豬肉」,有別於傳統的素料,以豌豆及黃豆等植物蛋白再製而成,咀嚼起來口感較為扎實,其中還添加了甜菜根,讓肉排煎煮時還會滲出看似血水的甜菜汁,外觀及質地幾可亂真,雖然成本較高,但熱量比傳統的培根和肉排降低百分之三十到四十,蛋白質含量卻與一般肉製品相差無幾,不僅搭上了新奇有趣的潮流,同時響應環保、友善對待動物等的社會訴求,天然的食材也更具健康取向,連對麩質過敏的顧客也可以食用。

讓客戶理解餐點,滿足每張挑剔的嘴

John 直言,有許多餐廳的負責人只是聘請廚師進駐餐廳,然而本身卻不見得會下廚,如果廚師有更變、餐點的味道就也會跟著變動,客人可能也會跟著流失,John 認為要扶持一間餐廳自己也必定要懂得廚藝,縱使他並非科班出身,踏進餐飲這個與他原本專長截然不同的領域讓他吃了不少苦頭,光是入門的刀工就分為好幾種手法,但他仍然積極進修。

創業初期,John 會利用閒暇時間到別間餐廳用餐,除了嘗試別家料理風味,也研究菜單的餐點內容並回家研發新菜色。John 坦言,因為彰化的風俗民情較為傳統,仍有許多人不理解店內在賣的是什麼,也吃不習慣義式料理的煮法不同於一般料理,但 John 很願意花心思與顧客解釋、溝通,也虛心接受顧客的反饋、願意為顧客調整餐食內容,像是依照顧客習性將飯煮軟一點或硬一點,保留自己的堅持、也達到顧客的需求。

目標成為手作蔬食代名詞

「喜歡在你們店用餐」、「跟在國外吃到的味道一樣」每每接受到諸如此類的顧客反饋都讓 John 覺得辛苦值得了,「送出滿盤的餐點,收回空的碗盤」就是作為廚師最大的驕傲,John 感動地說道,顧客的讚賀就是他最大的成就感來源、也是他堅持下去的動力。

如今 John 手作蔬食已邁入第五個年頭,至今仍然是彰化唯一的蔬食義式料理餐廳,喜歡往外跑的 John 也希望未來可以規劃披薩餐車,沒有地點的限制、顧客用餐也不必侷限於店內,更可以藉此增加品牌知名度。

「想吃素的時候就能想到 John 手作蔬食」是 John 最大的目標,他也持續研發新穎且特別的菜色,像是將西式的未來香腸加上中式燒餅做成香腸奶酪餅,或是將未來培根夾進傳統刈包裡,希望藉此中西合併、激盪出新滋味,讓更多人了解到素食並不是只能吃青菜,而是有許多豐富的選擇,更渴望能推翻大眾認為吃素無法攝取足夠的能量及蛋白質的誤解,讓更多人愛上健康蔬食生活。

#B | John 手作蔬食
商業模式圖 BMC

 重要合作

- 未來牛肉
- 未來香腸
- 新豬肉
- LINE Pay
- 台灣 Pay

 關鍵服務

- 義大利麵
- 燉飯、披薩
- 漢堡
- 火鍋
- 伴手禮

 核心資源

- 廚師
- 醬汁調配秘方
- 自家店面

 價值主張

- 以天然食材、獨家醬汁秘方，讓顧客嘗到健康、純粹又美味的蔬食料哩，翻轉大眾對於素食餐點的既定印象。

 顧客關係

- 主動購買

 客戶群體

- 素食主義者
- 喜愛義式料理的人

渠道通路

- Facebook
- Foodpanda
- Uber eat

成本結構

原物料、人事成本、營運成本

收益來源

產品賣出收益

#C | 創業筆記 ✎

- 評估店點附近是否有類似的店，自家的產品是否有不同的特點。

- 創業不僅要有創意，還要分析主要客群是誰、分布地點在哪。

- _____

- _____

- _____

- _____

- _____

- _____

#D | 影音專訪 LIVE

John 手作蔬食

04-728-4398

fb.com/JohnVLML/

彰化縣彰化市華山路 78 號

我獨角
創業，
UNIKORN
UNIKORN
UNIKORN
UNIKORN

Lydia.Classy

「將最純粹、自然、簡約、原始的樣貌呈現在每件商品」是 Lydia.Classy 的核心理念，從擴香石、精油到香氛蠟燭都耗費多時找尋材料研製而成，用花草樹木的天然元素將對於美的質感要求建立在商品上，將花或果實鑲在蠟燭裡、為其注入意境，不僅散發香氣也增添浪漫與美感，每款皆是舒適、不刺鼻的香氣，除了商品、亦得到心靈的慰藉與安定。

徐姿榆創意企劃工作室

鑑於傳統中小企業在以往少有「品牌識別」的概念，秉持「所有的專業都值得被看見」的信念，從品牌建立、設計印刷、活動企劃、廣告行銷到社群經營等專業服務，幫助各領域不同的產業更清楚自己的品牌定位，盼能透過視覺轉型、網路平台的架構呈現企業的品牌特色，在這個資訊迅速更迭、著重視覺的世代能脫穎而出、打中市場需求。

邁林國際股份有限公司

「用創意感動上天的心」是邁林國際的信念，擅長企業網路行銷及網站建置，並培育行銷及理財投資等領域人才，創辦人小M老師在網路甫萌芽時期就投入此產業，迄今已有 20 年以上網路行銷經驗，主講超過 3000 場的教學演講，善於給客戶超乎想像的建議；在這個年輕人才輩出、迅速更迭的網路產業裡，給予客戶最新、最跟得上時代的創意。

天使亞倫

秉持「互惠、共好、把愛傳出去」的善念，希望公司文化與精神能夠成為他人心中的天使，以教育出版、數位內容、多元創業平台為主要服務，目前著有財商書籍、內含推薦師資與專業課程，是本增加財商知識及獲取專業資源的寶典，並規劃延伸理財教育及自媒體教學服務，盼能以此拋磚引玉、匯集更多學有專精的夥伴一同貢獻成立平台。

阿曼蕾咖啡烘焙館

「希望在這邊買豆子的人，回去也可以簡單地就沖煮出美味的咖啡」是阿曼蕾堅持的信念，專營咖啡豆烘焙、販售與批發，且堅持選用新鮮的精品豆，在商品售出時亦會附上保存方式及沖煮建議，不僅增添與顧客的互動，也希望顧客可以一同品嚐咖啡極致優雅的迷人香氣，盼能引領顧客從嚐鮮、變成喜歡，從愛上、到走進精品咖啡的世界。

哲香氛 ZHE PARFUMÉ

「哲香氛，給你充滿文學質感的沙龍香」，我們相信氣味代表你是誰，超過六年對文學與氣味的研究經驗，調製充滿文學質感的味道；主打商品——「豔冠群芳」——以紅樓夢為軸心，挑戰從未有過的產品，將東方經典小說融入香氛，牡丹作為主調重現薛寶釵美麗、聰明又大氣的形象，可在身體上留香長達六到八小時，噴上香水就能有超群的美麗。

 BMC（範例）

重要合作

- Amazon
- 國際分公司
- 製造生產商

關鍵服務

- 愉悅的消費體驗
- 獨有的風格
- 獨特的家具

核心資源

- 獨特、具有美感、受歡迎的產品設計
- 合適的產品價格
- 明顯的目標客群
- 全球市場、選點分析
- 員工訓練

價值主張

- 所有產品都沒有品牌 logo。
- 多用途的產品。
- 極簡主義的產品項目。
- 負擔得起的價位。

顧客關係

- 主動購買
- 店內體驗
- 社群銷售

渠道通路

- 實體店面
- 社群銷售
- 網路商城
- 官方網站

客戶群體

- 對居家用品用興趣者
- 中產階級
- 青少年族群（穩定客源）
- 壯年人族群（為最多年齡層）
- 中年人族群（以購買居家生活為主）
- 獨特的家具

成本結構

生產成本、選點分析、研發技術、倉儲管理、產品運輸、廣告行銷、人事成本

收益來源

產品售出收益、其他通路的上架費用

我創業，我獨角（練習）

設計用於 _____ 設計人 _____ 日期 _____ 版本 _____

重要合作

關鍵服務

核心資源

價值主張

顧客關係

渠道通路

客戶群體

成本結構

收益來源

Chapter 2

Diana 韓式豆沙裱花

美麗與美味並存，藝術般的華麗甜點

Diana，Diana 韓式豆沙裱花的老師，因緣際會下接觸到韓式豆沙裱花，不惜遠赴韓國拜師學藝，回台後更用自身多年烘焙經驗將其改良更貼近台灣人口味，並開張教室專精於一對一教學，期盼能引領起一股豆沙裱花旋風，並發展一套台式裱花系統。

1. 2. 3. 4. 豆沙裱花

黑暗中遇見治癒人心的豆沙裱花

天賦異稟的 Diana 對於甜點有與生俱來的天份，每每做點心幾乎沒有失敗過，一開始是為了做點心給兩個孩子吃，並分享給幼兒園的同學，沒料到得到許多家長的反饋進而開始接單，做出興趣的 Diana 開始接受正規訓練課程，並踏上了她的烘焙旅程，轉而到咖啡廳擔任甜點師。

正當一切步上正軌之際，Diana 的父親卻意外住進醫院，母親行動不便，身為獨生女的 Diana 必須一肩扛起照顧父親的責任，她一邊帶孩子、一邊在醫院及照護中心之間來回奔波照顧父親，但父親最終仍不敵病魔、撒手人寰，父親的驟然離世對 Diana 打擊甚大，不願相信的 Diana 深

陷在黑暗漩渦裡。就在人生最低潮之際正好碰上韓式豆沙裱花的崛起，彷彿一道曙光照進她的生命裡，Diana 眼角噙淚地形容著，華麗的豆沙裱花治癒了她的心，每次專心擠花的過程就像一場療癒旅程，也帶領她走出低潮，Diana 想把這份感動帶給更多的人，於是開始豆沙裱花的教學事業。

傾囊相授，以學生為傲

Diana 發現到很多人吃蛋糕的時候都會把表層奶油刮掉，即便使用動物性奶油或高級鮮奶油，也會擔心對身體有負擔，而豆沙裱花使用白鳳豆沙，不只美味、低熱量也吃得健康。Diana 豆沙裱花的課程大多是一對一教學，課程經過 Diana

的精心設計，大致的蛋糕雛型已經設定好，內容從豆沙示範、蛋糕示範到裱花教學，即使完全沒有烘焙經驗、沒有接觸過色膏和色粉也可以從基礎開始入門，學生可以自己染色，不論是油畫風還是霧面的乾燥花風格皆可以自己調整，Diana 的課程講義寫得鉅細靡遺，連同豆沙的廠商來源、烤蛋糕的流程等等都有，如同操作手冊一樣讓學生回到家也可以自己動手做。

「做甜點的人幸福，製作出來的甜點才會讓人感動幸福」Diana 說道，一對一的教學過程長、有許多與學生溝通的機會，Diana 很願意聆聽學生的內心想法，只要學生肯分享即使是負面的事情也願意傾聽，希望學生可以在這裡找到歸屬感及

成就感，Diana 對於學生有好的發展很樂見其成，她不怕學生表現得比她卓越，甚至以學生的發展為傲，有許多從她手裡出來的學生現在已經開始接單甚至創立工作室，這些學生從無到有到成功，在她眼裡如同綻放光芒般閃耀。

融合韓式裱花技術，兼顧美麗與美味

起初，Diana 為了習得道地的韓式豆沙裱花遠赴韓國進修，從基礎開始學起，但在韓國學到正統的韓式米蛋糕吃起來較乾且甜膩，並沒有受到家人朋友喜愛，且蒸式的作法會讓蛋糕上的豆沙裱花融化，也不能冰在冰箱保存，儘管身邊的回饋讓 Diana 有些失落，但她以自身多年的烘焙經驗調整蛋糕體及豆沙配方，各方面改良讓蛋糕更貼近台灣人的口味，不只美麗也兼具美味。

一開始 Diana 學成決定創業後，其實資金不足以支撐一間店面，所以她跟咖啡廳借用場地、從體驗教學開始，也順帶與咖啡廳合作、咖啡廳的客人也會因此找上門來，隨著學生彼此口耳相傳、還有粉絲頁的廣告宣傳，陸陸續續有更多人主動搜尋 Diana 的課程，學生數量也趨近於穩定，更有企業邀請她到公司教學，為了給學生完整的課程架構及穩定的空間，Diana 便轉而創立工作室，打造專屬 Diana 的豆沙裱花教室。

同行不相忌，只求不愧對自己

取之於社會、用之於社會，Diana 曾與其他烘焙老師共同出版食譜書「幸福園遊會」，並將其版稅全額捐贈，豆沙裱花的課程學費亦有部分捐獻做公益，Diana 希望隨著她的能力增加、事業進步，可以饋與社會更多。提及 Diana 韓式豆沙裱花，她希望未來可以將店面擴大成複合式教室，並與其他領域教學做結合，期盼在未來能運用台灣在地食材推展一套台式裱花系統，讓後輩可以不用再出國進修或考照，而是各國學徒來台灣上課，讓台灣能夠被看見，豆沙裱花這種美麗又特別的蛋糕能更廣為人知。

「遇到挫折時堅持很難、放棄很容易，但願意跨過就是成長的機會」是 Diana 想要勉勵創業家的，一路走來儘管歷經許多挫折及波瀾，但她始終沒有忘記當初開啟這條路的緣由，Diana 說道，不要將眼光放在敵視同行，不論投入何種產業，都不可能沒有競爭對手，一家店也不可能消化所有的消費者，只要反省自己是否有比昨天進步、是否對消費者問心無愧，那成功總會到來、終將能得到應有的回報。

1. 一對一教學　　2. 上課環境
3.4. 豆沙裱花　　5. 團體教學

豆沙裱花

#B | Diana 韓式豆沙裱花
商業模式圖 BMC

 重要合作

- 韓國裱花協會
- 中華餐旅文化交流協會

 關鍵服務

- 蛋糕預訂
- 高階進修課程
- 賽前技術指導
- 證照班課程
- 企業團體體驗課程

 核心資源

- 韓式豆沙裱花技術

 價值主張

- 韓式豆沙裱花猶如藝術般華麗的甜點，同時低油、低糖、低熱量符合現代人健康的訴求，透過教學課程讓大家認識有別於傳統的蛋糕。

 顧客關係

- 個人協助

 渠道通路

- 官方網站
- Facebook
- Instagram
- Youtube

 客戶群體

- 對烘焙有興趣的人
- 需要訂購蛋糕的人
- 想要課程教學的企業家

 成本結構

原物料成本、人事成本、進修課程、行銷成本

 收益來源

蛋糕賣出收益、課程費用

TIP1：不要將眼光放在敵視同行，不論投入何種產業，都不可能沒有競爭對手，一家店也不可能消化所有的消費者。

TIP2：遇到挫折時堅持很難、放棄很容易，但願意跨過就是成長的機會。

#C 創業筆記 ✏️

成立時間：2014/07/01
團隊人數：3

Q 主力產品的重點里程碑是什麼？如何精準的執行在目標上？

A 蛋糕體和豆沙餡的改版。蛋糕體更符合台灣人的喜好，豆沙甜度也更貼近現代人健康的需求後，吃過的人都讚不絕口，我的學生也都以此配方開始販售產品與教學，一改既往好看不好吃的觀念。

Q 公司社群媒體的策略是什麼？

A 由於社群媒體詐騙猖獗，所以我從開啟粉絲頁後，就希望帶給粉絲真實性，明確的地址、真實的學生、好評的反饋等，讓搜尋我們網頁的人信任度提升；另外，私訊粉專的問題千奇百怪，在回復小編上的受訓也必須提升全面化及專業性。

Q 成長增速可能會遇到哪些阻礙？

A 這次突如其來的疫情，對各行各業帶來重大的影響；國外的學生無法前來上課，台灣在地的學生選擇延課，即便訂購產品，在疫情嚴峻時期也無法免除疑慮……進而對線上課程開發有新的訴求，每次阻礙都是思考自己成長的契機。

#D 影音專訪 LIVE 📹

#A

多爾法式烘焙
Dore French Bakehouse

「麵」不改色──我就是主角

陳韋丞，多爾法式烘焙主理人。留美十來年的陳韋丞操著一口流利的中文，身形高大的他講起話來十分俐落，陳韋丞回台後邂逅法籍烘焙師，就此開啟麵包人生，在一場意外插曲下，他以「Dore」為名自行創業。

多爾法式烘焙外觀

當吃貨遇上烘焙師

陳韋丞從小便被家人帶往美國生活，陳韋丞自幼便自帶吃貨屬性，看到美味的食物總忍不住湊前嚐上一口。眾多美食中，陳韋丞最鍾愛麵包，其鬆軟的口感、麵粉的香氣、或甜或鹹的內餡總叫他無法自拔。這時的陳韋丞對烘焙只是單純的喜愛，出身藝術世家的他從小浸濡在美、設計的世界中，大學也是選擇建築科系，會跟烘焙牽上線得從陳韋丞畢業後回台說起。

陳韋丞回台後如同大多數建築科系畢業生進入了事務所工作，幾個月過去後，他發現自己並不是特別適應，不論以人文、相處模式、生活習性來看都與國外生態有著不小落差，陳韋丞不禁開始對自己的人生產生一絲不確定，在這段迷惘的時期中，事務所老闆意外為他開了另一扇門。某日，老闆將陳韋丞叫進辦公室，劈口便道：

「去體會生活吧、去闖蕩吧，去做自己真正喜歡的事情！」

似乎是察覺陳韋丞近來的低迷，老闆單刀直入地給出建言。陳韋丞有些訝然，但同時似乎亦想通了些什麼，他輕聲跟老闆道了謝，離開了事務所。

為數不長的空窗期內陳韋丞遇見他生命中的貴人、夥伴、摯友：法籍烘焙師，兩人意外地合拍，當時烘焙師正準備自行往台北市展店，興許是看見陳韋丞身上那道蘊藏的火光，他主動邀約陳韋丞加入團隊，陳韋丞當下便爽朗答應，他想起小時候自己對麵包那份純粹的愛、想起老是縈繞於耳的：去做自己真正的事情！他期待著這段旅程會將自己帶往何方天地，而不論最終登陸在哪，他都有欣然接受的勇氣。

成天泡在烘焙室的男人

雖抱有滿腔熱情，但陳韋丞在烘焙界可說是全然新手，一切從零開始的他只得比別人更努力。烘焙師開的店鋪坐落於台北東區巷弄中，二十坪的小空間便是陳韋丞當時的全部，每天待在店鋪內12-13 小時、月休 2 天的生活他過了一年。對陳

1. 布里歐麵包製作與烙印　　　2. 烘焙室
3. 多爾法式烘焙店內一隅　　　4. 店內餐點
5. 多爾員工台東旅行　　　　　6. 多爾法式烘焙麵包區

韋丞來說那一年的時光就像是高速壓縮器，讓他在短時間內習得烘焙、管理、營運相關所需知識，即便過程艱辛他卻是相當樂在其中，就在店鋪準備拓點階段之際，法籍烘焙師突如其來的電話再次將陳韋丞的人生轉了大彎。

烘焙師表示自己被上海的公司看上，打算將事業交託給陳韋丞並退出管理端，陳韋丞對於才華洋溢的好友遭挖角並不意外，他衷心地祝福啟蒙自己的這位烘焙師，並正式接手企業。正當準備重啟計畫之際，陳韋丞心裡突然冒出：「既然合夥人都離開了，我不如自創品牌？」的想法；與人合夥時總是不免妥協、退讓，陳韋丞亦不意外，有許多想法與企劃礙於合夥關係苦苦未果，若要實踐自己的想法，脫離現有體系是必須的做法，沒有太多猶豫，陳韋丞以多爾法式烘焙之名正式創業。

Bread matters!

多爾法式烘焙主要提供的商品除了麵包，也有許多以各種麵包發想的早午餐、輕食，主理人陳韋丞表示身為烘焙坊主體就應該是麵包，現行許多烘焙店鋪常會結合許多種類各異的食物，如義大利麵、燉飯、焗烤類等，陳韋丞想打破在地主流趨勢，他希望把麵包與早午餐貫通，透過早午餐來推廣麵包，更表現出麵包在餐點中的重要性，創造「複合式」麵包餐食體驗；多爾的麵包嚴選法國百年無基改麵粉而製，並堅持傳統製程忠實還原最道地的法式風味，所有的創意皆是基於不動搖傳統的根基下發展，即便自創品牌，陳韋丞並不打算拋棄法籍烘焙師傳承於他的理念。

國民對於法國麵包總是脫離不了：「硬、難入口」等刻板印象，在推廣上陳韋丞確實下了不少功夫，於是他大量開放試吃，透過前檯人員服務現切的方式幫助大眾瞭解商品，之所以不採取傳統擺放試吃品的模式一方面是衛生考量，另一方面則是希望透過實體互動建立與消費者的連結，陳韋丞的決策相當奏效，有許多客戶透過這般商業模式成功入坑。

陳韋丞表示多爾法式烘焙的商品並不是要賣給每一個人，而是理解的人；品牌主打健康、天然、新鮮，陳韋丞對於食材所有細節皆會嚴格把關，他想透過自然食材修復顧客日漸被添加物、人工香料麻木的味蕾。陳韋丞深知開店不能貪心，因此他主力將商品推動給能理解、喜歡的人，於開店初期他便以年齡、家庭、性別、個性、興趣、薪資…等條件設定出消費者角色，精準地朝著受眾進行商品研發與品牌規劃，時間證明陳韋丞的做法效果顯著，三年後的多爾法式烘焙店內近八成以上的顧客即是當初陳韋丞瞄準的客層。

每一天都要比昨天更好

陳韋丞對於挑戰總是躍躍欲試，他熱愛反差巨大、元素跳耀的生活方式，熱愛獲得巨大突破的重要時刻，多爾法式烘焙豐盈的無限活力感便是來自他這股無畏的熱情。對於職員與自己他並不要求一次到位，只要每天都比昨天更好，就能離完美再更進一步，並透過夥伴之間的雙邊反思、反饋穩定成長；出身於建築科系的陳韋丞並不執著於將店面裝潢得富麗堂皇，而是加強空間規劃，採用植物或大面開窗採光為主的風格，希望利用大自然的能量讓室內氛圍更為舒適，他也計畫未來於台中開拓分店，期許於繁忙的城市為人們帶來新的心跳、呼吸。

#B | Dore French Bakehouse 多爾法式烘焙

商業模式圖 BMC

 重要合作

- 物流商
- 原料商

 關鍵服務

- 麵包販售
- 輕食、咖啡販售
- 車位提供

 核心資源

- 烘焙背景
- 百年麵粉
- 設計背景

 價值主張

- 以天然、健康的優良食材製作商品，以麵包為載體延伸多樣產品線，希望每個顧客能夠以最輕鬆的狀態享受餐點與氛圍。

顧客關係

- 客戶自找上門
- 友人般親密
- 教育公眾正確麵包文化
- 口耳相傳

渠道通路

- 實體據點
- 社群平台
- 電視採訪
- 網路視頻

 客戶群體

- 樂活族
- 中高階領階層
- 商務人士
- 養生力行者
- 澱粉愛好者
- 外籍人士

成本結構

進口原料、在地蔬果、研發費用、營運成本、人事開銷、營建攤提

收益來源

商品銷售、外燴活動、餐盒、B2B 供應麵包

#C | 創業
筆記

- 透過商品與客群連結，傳遞品牌價值。

- 一改主流風向，創造利我市場。

#D | 影音專訪 LIVE

我獨創業，創角
UNIKORN
UNIKORN
UNIKORN
UNIKORN

TAIWAN

Dore French Bakehouse
多爾法式烘焙

SCAN ME

LIVE

04-2251-9164 fb.com/Dorebakehouse/

Instagram & Line : @dorebakehouse

台中市西屯區河南路四段 199 號

#A

王巧手

懷念的眷村好味道，一雙巧手包入滿溢的人情味

王厚民，王巧手的創辦人。父母以販賣土包子維生，從小就耳濡目染習得擀麵技巧，婚後王厚民偕同太太回到家鄉——沙鹿，夫妻倆開著發財車就這樣賣起了小籠包，至今已近三十個年頭，如今不僅昇華成「王巧手」的店面，兒女也投入接棒、注入創新口味傳承家鄉味。

堅持手作的溫度，料多實在、口味鮮美

身為眷村二代的王厚民有著北方人的直爽與熱情，認識的熟客都稱呼他為王老爹或王大哥，親切的語氣、濃厚的人情味是店內的活招牌，每一個小籠包都堅持用手作的溫度來擀麵皮，如同他的為人充滿溫暖，王大哥將對家人的貼心、對顧客的用心注入新鮮的肉餡裡，鮮美飽滿的湯汁抓住不少饕客的胃。

談到王大哥與包子的淵源就要回溯到他的兒時回憶，父母原本就以販賣土包子維生，從小就耳熟能詳學會擀麵的技巧，成年後，王大哥並沒有繼承家業、而是選擇從軍，直到父母需要照顧才帶著太太返回家鄉創業；起初，甫回到沙鹿的夫妻兩人，開著車就在火車站附近賣起小籠包，以早餐為主、「巧籠包」為主打，每一個小籠包都堅持手工製作，外表包子皮的一道道皺褶都出自王大哥的巧手，手擀的老麵皮薄中帶點彈性，裡頭新鮮的溫體豬肉內餡扎實且鮮美，咬下一口、隨之流下的湯汁可口但不過於油膩，搭配青蔥的香味畫龍點睛，可謂是色香味俱全，懷舊的眷村老味道也吸引愈來愈多饕客光顧，逐漸成為在地人常吃的道地早餐。

跨越四分之一世紀的美味，二代接手傳承

看著絡繹不絕的顧客、王大哥決定轉往穩定的店面販售，夫妻倆到處奔波，前前後後找了七、八個地點，才終於在友人的引薦下覓得適合的店點，也終於等到兒子王成毓退伍返鄉、繼承衣缽，為了接班好好經營，王成毓先是到外面的餐館當學徒、學習新的餐點，盼能利用所學為家中事業做轉型，並以王大哥的形象製作全新的 logo、正式成立品牌——「王巧手」。

接手後的王成毓希望將小店積極轉型成「餐館」，不僅提供早餐、還能一路吃到午餐，為此也研發創新口味，增加麵食、湯品、點心、煎物等的新品項，亦新增了麻辣、鯛魚等新的小籠包口味，彩色的特色小籠包也因而在網路竄紅、讓王巧手聲名大噪。

對於王大哥而言，孩子能繼承事業固然是備感欣慰，儘管兩代的想法不盡相同、偶有摩擦，但父子倆有相同的共識——傳承傳統的家族企

業文化，在研發新的創意口味的同時、也保留王大哥原本對於品質及技術的要求，重新找到老店的定位，父子倆合作無間也讓以往因忙碌而疏忽的情感逐漸升溫；「希望這個記憶中懷念的好味道能與更多人分享，把這個品牌永續經營下去」王成毓說道，店內的餐點都是自家人喜愛吃的口味，也讓王巧手不再只是簡簡單單的早餐店，更是可以與親朋好友團聚的場所，可以一邊聚餐、一邊話家常凝聚彼此的館子。

走過永生難忘的心酸，用心經營、與顧客搏感情

憶及創業初期的心酸血淚，生性開朗的王大哥也不免一陣嘆息，甫回到沙鹿的夫妻倆在路邊攤賣小籠包，無奈客源不穩定、門可羅雀，做的包子大多滯銷、一天下來賣不到幾顆，捨不得浪費、又怕帶回家會讓父母擔憂，只好偷偷到附近的漁港、趁著四下無人把包子丟下去餵魚，眼看包子一顆顆落到水裡、眼淚也簌簌地落下，內心不禁一陣酸楚，只能苦中作樂、自我安慰著至少還有魚願意吃，那種心酸的感覺至今仍然歷歷在目、難以忘卻，王大哥語帶苦澀無奈地說道。

所幸王巧手至今已走過二十餘年，除了累積許多顧客、也結識許多好友，有的是附近的居民、有的是老闆或醫生，不僅是老顧客、還經常邀朋友一起光顧，甚至有顧客會帶著點心來與員工分享，並請求王大哥再另開分店，與客人的關係不僅止於單純的買賣關係，更多的是超乎年齡與階層的感動與感激，更有許多老顧客不只是前來用餐、更是專程來找王大哥談天說地，伴隨著爽朗的笑聲、王大哥幽默地說到：「有的顧客就是專門來聽我的笑聲啊！」也足見王大哥對於顧客既真摯又溫暖的情誼。

包山包海包美味，巧心巧手巧籠包

「做美食真的很辛苦」王大哥說道，不論顧客的評論是好是壞都要概括承受，心理建設一定要足夠強大，王大哥一生大半輩子都在經營美食，經歷過低潮、也遭遇過挫折，他說：「創業不能只往好處想、也要設想退路。」也許是家人的資助、又或是多年的存款都有可能因為創業而一夕之間賠光，絕對要深思熟慮、三思而後行。

而未來，王巧手仍會持續研究新餐點、推出新菜單，保留王大哥的招牌人情味及經典的眷村風味，並注入王成毓新穎的創意及嘗試，父子攜手經營，傳統文化與年輕血液的融合與碰撞，相信一定會激盪出獨樹一幟、獨佔市場的美味。

#B | 王巧手
商業模式圖 BMC

 重要合作

- 肚肚餐飲管理系統
- 原物料商
- 肉販
- 菜販
- foodpanda
- Ubereats

關鍵服務

- 小籠包、湯包
- 餡餅、麵類
- 煎物、湯品
- 飲品、小點心

 核心資源

- 烹飪技術
- 不定期促銷活動
- 不定期推出限定新品
- 獨門料理

 價值主張

- 每一個小籠包都堅持用手作溫度來擀出老麵皮，包入對家人、客人貼心情感的新鮮溫體肉餡，捏出跨越 1/4 世紀的美味皺摺，濃醇飽滿的湯汁鎖住了饕客味蕾。

 顧客關係

- 共同協助
- 主動購買

 渠道通路

- 實體店面
- Facebook
- 外送平台、媒體報導
- 部落客分享

 客戶群體

- 饕客
- 附近居民
- 眷村美食愛好者

 成本結構

人事成本、營運成本、原物料、設備維護

 收益來源

產品售出收益

#C 創業 筆記 ✏️

- 不論評論是好是壞都要概括承受，心理建設一定要足夠強大。

- 創業不能只往好處想、也要設想退路。

- _____

- _____

- _____

- _____

- _____

- _____

#D 影音專訪 LIVE

王巧手

• LIVE ▶

04-2636-3975

fb.com/ 王巧手 -118019464945191/

台中市沙鹿區興安路一號

真如中醫診所

真心待您如家人，視病猶親的醫療團隊

陳怡如，真如中醫診所的院長。同時擁有中西醫執照，認為中醫與西醫各有所長、應該相輔相成，為了給予患者更完善、更多元化的治療環境，便自立門戶成立中醫診所，以婦科、兒科、美容為主，陪伴、照顧婦女朋友度過每個階段身體及心理上的變化。

不孕療程

精通中西醫學、相輔相成更完整

從小就確立志向的陳怡如在求學過程中同時選讀了中醫與西醫，兩者皆各有涉略的她也同時擁有中醫與西醫的執照，西醫可以藉由儀器或檢驗精準地診療患者問題所在，而中醫則講求全人治療，可以從四診——望、聞、問、切——四個面向去了解患者整體體質的情況，再透過中草藥、針灸、整復推拿、薰蒸、耳穴治療等不同的方式給予患者治療；她認為，中醫與西醫雖然各有所長、卻是相輔相成，若中西合併、結合治療可以帶給患者更全面的治療，在醫院積累多年經驗後，亦從前輩及師長的手上傳承了豐富的臨床經驗，為了將醫療資源更及時地給予患者，陳怡如便成立了「真如中醫診所」。

陳怡如提及，因為台灣氣候的關係，加上現代人的飲食習慣偏好冰冷的飲品及較甜、較油膩的飲食，痰濕體質是常見的困擾，而此種體質易延伸出系統問題，可能造成眩暈、頭痛、過敏症狀、濕疹、氣喘等的症狀，長期下來可能會有代謝症候群、肥胖、高血脂、高血壓、水腫等的困擾，而追根究柢都是源自於體質所引發的，在西醫上可能需要找尋許多科別一項一項病症去做檢查與解決，但在中醫上可以直接針對體質做長期的調理，並尋求治本的解決方案。

從女孩到女人，一路有我們陪伴您！

至真如中醫求診的患者以婦女朋友為大多數，婦科、兒科、美容減重為很大占比，同樣身為女性的陳怡如也說到：「女人一生都需要好好地照顧呵護自己」，從女孩邁入青春期、迎來初經開始就可能會有經期不順或痛經問題，同時進入轉骨生長期及胸部發育期；到了輕熟女階段，因為工作或生活上各種壓力，加上生活作息不規律、飲食不正常，可能釀成子宮肌腺症、子宮肌瘤、巧克力囊腫等婦科疾病；爾後，走入婚姻可能會面臨卵巢早衰、先天基因等問題造成求子不順；年紀

1. 頭皮針　　2. 眼針
3. 把脈　　　4. 無痛雷射針灸

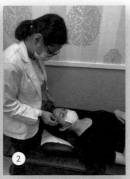

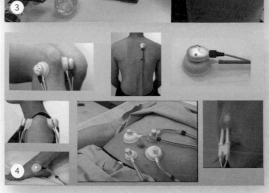

漸增、邁入更年期後，可能會伴隨著筋骨痠痛、頭痛、頭暈等不適；女人在每個階段都可能遇上不同的困擾及身心變化，而這都是可以從中醫的角度給予相對應的減緩與治療，藉由療程不僅改善狀況、亦能順帶調理身體。

除此之外，真如中醫亦有控制體重、體態雕塑、產後豐胸等美容相關內容，透過傳統的埋線或是新式的美顏針，搭配中醫師的建議飲食調理，在不傷身的前提下，用溫和的中醫幫助女人變得更美、更有自信。

勝過言語的感動，患者的反饋是最大的成就

「人事的問題是很多人在創業初期都會遇到的」對於陳怡如而言也不例外，她說道，要找到志同道合、認同診所理念且願意共體時艱撐過低潮期的夥伴並不容易，在人際關係與產業理念之間取得平衡是她一直以來學習的課題，但她相信只要持續努力地充實知識及醫術，給予患者更好、更適切的治療，對於醫師的評價自然會在患者間口耳相傳，進而提升整個診所品牌好感度，也就更能找到合適的醫師同儕團隊。

為患者找回健康與自信就陳怡如是最大的成就感來源，每每看見患者的改變也讓她愈發有使命感，陳怡如提及，有些患者因為求子不易在其他診所吃許多藥、治療已久卻反覆失敗，後

來選擇人工受孕，並結合中醫從旁輔助並調理母親的身體，最終不僅順利受孕、還懷上雙胞胎，「很感恩讓我們有這個機會見證這些幸福的時刻」陳怡如說道，她的感動與喜悅早已溢於言表，像這樣不論是心理上的支持或是身體上實質幫助，能夠陪伴孕媽媽走過這段漫長且艱辛的求子之路，就是陳怡如最想做的。

秉持視病猶親的精神，服務範疇再升級

未來，陳怡如規劃培育更多優秀的醫師加入團隊，讓診所內的治療系統更加完善；「視病猶親」是真如中醫的核心理念，也是陳怡如所堅持的創業精神，她希望能將產業觸角再延伸，除了擴展據點以外，更建立從備孕期前的所有婦科問題、孕期、產後坐月子、產後豐胸美容與身體調理，甚至到新生兒及兒童成長過程中的兒科護理問題的一條龍諮詢與服務，成立以中醫為主軸的月子中心與婦科醫院，讓婦女朋友與其家人有一個貼心、溫馨、舒適、優質的中醫診療環境。

「堅持初衷、莫忘當初對於醫學的熱忱」是陳怡如行醫以來始終屹立不搖的信念，縱然創業初期前來的患者不多、診所知名度也不高，但她明白創業需要一定時間的推移與經驗的積累，她深信只要好好充實自己、將醫術培養好，並真心對待每個患者，經過困難的磨練，即會發現自己已經走在想要的道路之上了。

#B | 真如中醫診所
商業模式圖 BMC

重要合作

- 中醫師
- 藥廠

關鍵服務

- 男女不孕、三伏貼
- 埋線減重、筋骨關節疾患
- 過敏性、皮膚疾病
- 青春期轉大人
- 產後坐月子、性功能障礙

核心資源

- 醫師執照
- 看診經驗
- 醫療設備

價值主張

- 提供最溫馨、舒適、安全、隱密的就醫環境，同時讓患者重新認識自己的身體、並跟身體好好相處。希望能結合中西醫學角度提供醫學中心等級服務，關懷、溫暖更多群眾，守護大家的健康。

顧客關係

- 主動前往
- 視病猶親

渠道通路

- Facebook
- 官方網站
- 線上看診

客戶群體

- 不孕症患者
- 婦女
- 青春期女性
- 產後婦女
- 兒童
- 欲減重者
- 有過敏症狀者

成本結構

技術人事成本、藥材成本、營運成本

收益來源

診療費用

#C | 創業筆記 ✎

- 人事的問題是很多人在創業初期都會遇到的。

- 堅持初衷、莫忘當初對於醫學的熱忱。

- _____

- _____

- _____

- _____

- _____

- _____

- _____

- _____

#D | 影音專訪 LIVE

真如中醫診所

02-2972-0330

http://sanchong-zhenju.1655.com.tw/

新北市三重區文化南路特 8 號

毅醇鮮玄羽滴鷄精

精華萃取、滴滴鮮醇，補氣養神的天然飲品

玄羽 滴雞精 purely chicken essence

李竑毅，毅醇鮮玄羽滴雞精的總經理。誤打誤撞投入生產雞精，他研發出獨樹一幟的滴雞精製程，不僅大幅提高滴雞精內含的營養成分、且喝下口毫無腥味又濃醇香，適合孕媽媽養胎時飲用、孩子也喝得順口，口碑相傳下，老少咸宜的風味也為李總打開了各大通路的銷售。

商品海報

誤打誤撞的緣分，研發真正的「滴」雞精

從事過多種行業的李總其實從沒想過要投入從事滴雞精的產業，起初只是跟隨朋友的建議做投資，沒想到號召的人並非這方面的專才，投資的店面不到一個月就因為沒有滴雞精可以販售而打算歇業，然而李總一方面不甘心就這樣草草了事、另一方面也是因為放不下面子，於是他便將店面承接下來自己做。

踏入滴雞精的產業可說是誤打誤撞，門外漢的李總對於食品毫無基礎也沒有頭緒，他花了將近兩個月自己上網摸索，然而做出來的雞精卻連自己也難以下嚥，正當他苦無對策之際，他憶及小時候祖母曾說過：處理肉之前要先川燙過才不會有腥味，於是李總也效法祖母的做法，雞隻從電宰場運送回來後先川燙再做滴雞精，果不其然腥味就改善許多；爾後，李總又發現市面上的滴雞精多是用蒸的或熬的，「既然叫作『滴』雞精，那應該是要用滴的啊！」他靈機一動便與朋友設計獨門的機器——兩側是加熱方、網子在上方的燜滴式機器，經過一番改良「毅醇鮮玄羽滴雞精」終於成功問世了。

繁縟的滴雞精製作工法，完美保存珍貴營養成分

滴雞精一直是百家爭鳴，市面上至少有上百種品牌，而玄羽滴雞精最大的不同便是從無到有皆一手打造，從基本做起、連同雞隻都是自家飼養的，李總說道，早期的飼養雞很容易因為一點驚嚇就夭折，而他堅持以物競天擇的自然放養方式飼養黑羽土雞，且從水質開始改變，等同於幫雞隻做身體內部的調理、也大幅提升雞隻的存活率，李總甚至與知名果菜汁大廠久津實業股份有限公司合作，回收蔬果皮、地瓜皮等下腳料與雞飼料做

1. 獨家自製高壓低溫專用鍋爐
2. 採用物競天擇的自然放養方式飼養的黑羽土雞
3. 媽媽教室
4. 毅醇鮮玄羽滴雞精台中總店
5. 代言人照

混合，讓雞隻吃得健康、也降低滴雞精的腥味。

而光是雞隻的飼養就相當有學問，更不用說製作滴雞精的過程更是博大精深，悶滴雞隻前要先去除雞頭、雞脖子、雞屁股等部位，因為雞屁股聚集很多淋巴組織會暗藏病菌及病毒，而雞腳容易累積毒素所以要先川燙後、剪去指甲、撕除角質，接著將雞隻的每個部位平均切成約莫 15 公分的

大小，然後將包覆內臟的內膜刷掉才能真正地去除腥味，最後再將肉放在高壓低溫的真空鍋爐內進行悶滴、並來回反覆數次、提煉 11 個小時，整個過程中不添加一滴水，完成後新鮮的滴雞精再過濾雜質後就會送入－30 度的急速冷凍，這才算是大功告成。

滴雞精之所以珍貴就在於它內含的營養素——白胺酸、異白胺酸、纈胺酸——為滴雞精的三大必需胺基酸，且人體無法自行生產，縱然製作過程工法繁複，但玄羽滴雞精經檢驗證明上述的營養成分是業界中數一數二的高，不僅完整保存了雞肉中的蛋白質，且滴雞精完全沒有腥味，突破傳統的創新生產也讓玄羽滴雞精穩坐競爭激烈的滴雞精市場。

縱然挫折不計其數，仍然正向以對

看似樂天的李總一路走來並非都一帆風順，問及挫折從何而來？李總也僅是淡淡地說了句：「簇繁不及備載啊……」，他憶及創業初期，沒有食品相關基礎的他很仰賴朋友的建議，卻因為過於信任他人而被騙走積蓄，收支不平衡的日子持續了好一陣子，每天都在擔憂下個月的房租怎麼辦？員工薪水要從哪裡來？也讓他體認到「準備好的事情，未必就會照著心裡想的走」。

好在天無絕人之路，資訊的發達讓勤學的李總可以從網路攝取許多資訊，他花費許多心力與時間

在味道及營養上，也認識到許多食品業及養殖業的前輩，事業亦逐漸趨於穩定，苦盡甘來後，李總仍然心存善念，在商場上始終不帶敵意，因為他深信「人善天不欺」，一念天堂、一念地獄，好壞善惡皆在一念之間，永遠保持善良老天就不會辜負自己。

利潤並非最重要，當個願意「讓利」的老闆

天然無添加的滴雞精相當適合欲養胎的孕媽媽，口耳相傳下獲得許多正面評價，也與月子餐廚房合作提供產後新手媽媽的營養補給，甚至與永豐餘集團旗下的臍帶血公司合作開設媽媽教室；幾年過去，李總也從當初那個不懂食品的門外漢，到現在儼然已成為熟門熟路的「雞博士」。

特別的是，玄羽滴雞精至今已邁入第七個年頭，公司其實一直沒有特地做業務開發，卻依然累積了許多忠實的顧客、回客率十分高，李總提及，曾有中醫師及連鎖藥局的老闆前來買雞精，因為成效良好進而發展成合作關係，顧客也就成了公司最大的通路來源。

李總直言自己是個很願意「讓利」的老闆，大家能夠一起賺錢、一同成長是他所樂見的，李總說到：「不要把利潤擺在最前面，只要把每件產品做到最好，成績自然會來。」對他而言創業沒有秘訣，只要秉持善念，誠實面對自己與顧客、給予最真摯的產品，這就是創業的真諦。

#B | 毅醇鮮玄羽滴雞精
商業模式圖 BMC

重要合作

- 知名果菜汁大廠久津實業股份有限公司
- 永豐餘集團
- 中藥房
- 藥局
- 診所
- 月子餐
- 香港和生堂株式會社
- 怡發科技股份有限公司
- 知名直播台
- 知名生技廠雞精代工

關鍵服務

- 玄羽滴雞精
- 玄羽保衛滴露
- 媽媽教室

核心資源

- 自家飼養雞
- 滴雞精技術
- 獨家高壓低溫鍋爐
- 忠實顧客

價值主張

- 來自陽光農舍的黑羽土雞，每日嚴選滴滴鮮醇、滋養補氣、美顏保健、營養補充、養生抗老、精力滋補。口感鮮醇滑順無腥味，自然濃郁的色澤與膠質，幸福元氣直達滿分。

顧客關係

- 主動購買
- 體驗行銷

渠道通路

- 實體店點
- 官方網站
- Facebook
- 購物平台

客戶群體

- 長者
- 孕婦
- 兒童
- 需要美顏保健的人
- 需要補血補氣的人

成本結構

飼養成本、包裝成本、行銷成本、運送成本

收益來源

產品售出收益

#C | 創業筆記 ✍

- 人善天不欺，好壞善惡皆在一念之間。

- 不把利潤擺在最前面，只要把每件產品做到最好，成績自然會來。

- _____

- _____

- _____

- _____

- _____

- _____

- _____

#D | 影音專訪 LIVE 📹

毅醇鮮玄羽滴雞精

04-2233-5867

fb.com/Alcohol.Dripping.chicken/

台中市北屯區昌平路一段 58 號

生命之星國際

翻轉傳統蠶業，專利研發躍身生技新星

LIFESTAR 生命之星

陳孟專博士（Amber），生命之星國際執行長。頂著企業集團二代的優越背景及高學歷的出身踏入生技醫療產業，從純天然的蠶絲蛋白著手研發一系列相關產品，不僅開發醫療器材、亦延伸出高規格的美容保養品牌，希望藉此翻轉傳統蠶業、延續蠶絲的價值，並讓醫療資源達到真正的普惠。

蠶絲蛋白製成的敷料

接手家族事業，落實永續的品牌理念

Amber 出身於一個優渥的家庭，家族事業以電子產業起家且已有三十餘載的歷史，旗下更有多達十三個事業體，如此卓越的家庭背景讓她從小就被嚴謹安排，母親事事要求甚高養成了她的高抗壓性，卻也造就她的叛逆且不喜被拘束的性格，嚮往自由的她為了反抗，便在上大學後與家人斷了聯繫，沒料到的是，癌症卻在此時襲擊她的家人，Amber 才意識到原來家族是癌症的高危險群，於是她決定回到家人身邊、接班家族企業，為了照顧家人她選擇攻讀癌症

藥物開發的博士學位，並在 2016 年內部創業投入生技醫療產業、創立「生命之星國際」。

「永續」是生命之星的核心理念、也是 Amber 一直想做的事情，她認為國內企業對於永續的概念仍不盛行，多半只是為了 CSR 報告書去做，但「地球只有一個」的認知不能僅是空喊口號，Amber 明白想要投入醫療器材又要兼顧永續，就得自純天然原料著手，而提及純天然原料不外乎會聯想到膠原蛋白，然而膠原蛋白在全球市場上已是一片紅海，後進者再投入如此飽和的市場也已經沒有相對的利基優勢了；在符合純天然的前提下、篩選多種原料後，Amber 最終在蠶絲蛋白與蜘蛛蛋白之間猶疑。

大自然中的原料，翻轉記憶中的傳統產業

而之所以選擇蠶絲蛋白，是由於養殖蜘蛛的農場並不盛行，可能會有原料供應不足之憂慮，而台灣的蠶業已有百年歷史，早期興盛時期更是幾乎家家戶戶都在養蠶，直到近幾年才逐漸衰落，Amber 選定蠶絲蛋白除了供應量足夠，另一方面也是覺得可惜、想藉此翻轉不可多得的傳統產業。

隨著近幾年傷口照護的觀念出現大翻轉，「濕潤療法」已被證實可以使傷口更快地癒合，亦是未來創傷治療及照護的主要趨勢；生命之星

1. 生醫實驗室
2. 無塵室

以專利技術萃取蠶絲蛋白，使其達到低回滲率、抗菌、具生物分解性等特性，並以蠶絲蛋白研製糖尿病的傷口敷料、外科手術的止血敷料、可吸收的阻隔膜、骨釘、骨板、生物支架等的醫療器材，甚至與捷克合作開發蠶絲蛋白生產仿生皮膚，盼將蠶絲蛋白變成一個醫療器材產品開發平台，以 B2B 的模式對接患者至醫院的通路。

2019 年，為了鞏固亞健康族群的市場，以開發 B2C 的通路來提高市場滲透率，生命之星再創立了美容保養品牌──「5S3C」──5C 意旨「亮麗、柔軟、滿足、感覺、永續」的品牌概念、3C 則代表「蠶繭、綿、化妝品」，開發了一連串面膜、精華液、晚霜、化妝水、微針貼片等的蠶絲蛋白系列產品，以醫療器材等級的規格研製保養品，且經過醫院正式的人體臨床試驗功效，對於皮膚修復、保水度、彈性、褪黑色素係數皆有一定程度的成效。純天然的蠶絲蛋白不僅取得較便利、亦可降低醫療廢棄物，更可同時活絡產業、提升傳統產業的永續。

為通過層層考驗，面對孤寂無所畏懼

然而投入生技產業一路上頻逢瓶頸，「從事生技醫療必須要耐得住孤單與寂寞。」Amber 說道，每項研發都需要漫長的孵化期，過程中不斷地嘗試與失敗，最終也不一定能成功地產出，從研發、試產、試量產到量產每個階段都需要投入相當多的心力，為了品質的確保與控制、也因此生命之星擁有自己的生醫實驗室與無塵室，過程中還要有第三方的 SGS 檢驗，接著還有重重關卡像是 GMP、ISO、CE、上市許可證等認證，待產品產出後還有功效性、是否有遺傳毒性等檢驗，每個過程皆相當繁瑣且需耗費大量的時間、人力及資金。

每項產品的背後都是無數次的失敗、無數個失眠的夜累積而成，縱然如此，但當消費者使用後有一定的成效與正面的反饋時，或是真正幫助消費者及患者解決痛點時，前端走過的腥風血雨也就值得了，Amber 說道，眼神流露出略帶殺氣又堅定不移的態度，她的事業心以及對於產業的使命感亦在此時表露無遺。

未來不僅放眼國際、更要引領後輩

憶及創業初期，剛接班的 Amber 從頭開始帶領一個新創團隊、從零到一再到一百，創業競賽的足跡遍及世界，如今生命之星已規劃走向 IPO 之路，未來更希望能躋身國際、敲鐘美國那斯達克，而最終她更想做的是將這些成就饋與產業，將這些年來的經驗累積及知識萃取傳承下去，並做生技創投、讓更多的生技新創公司有資金來源可以研發，並幫助這些新創公司縮短艱辛奮鬥的歷程，作為領路人、讓他們可以在指引下登峰造極、發光發熱。

而問及創業的心得，Amber 答到：「要有置之死地而後生的覺悟！」她的回答言簡意賅卻精闢實在，她認為創業是個抉擇，不為自己、只為對得起自己，不論是跪著、爬著，都要堅持把創業這條路走完，因為這是你人生的選擇。

#B 生命之星國際
商業模式圖 BMC

重要合作

- 國家衛生研究院
- 國立台灣科技大學
- 三軍總醫院
- 台大生技中心
- 耕莘醫院
- 亞琦化妝品
- Tomod's
- 小三美日
- 蝦皮商城

關鍵服務

- 美婕蠶絲蛋白敷料
- 系列產品、化妝水
- 絲素蛋白面膜
- 精華液、乳霜

 核心資源

- 幹細胞研發技術
- 獨有生醫實驗室及無塵室
- 絲素蛋白萃取專利技術
- 合格製造藥商許可證
- 販賣藥商許可證

價值主張

- 專精於幹細胞研究、醫用敷料、醫美產品及保健食品之技術商品化。將台灣生技研發成果進行垂直整合，帶給社會健康美好的生活。We aim for a better living.

顧客關係

- 主動購買
- 產學合作
- 異業合作

渠道通路

- Facebook
- Instagram
- 官方網站、通路店面
- 媒體報導、創業競賽
- 商務聚會、博覽會活動

客戶群體

- 醫院
- 化妝品公司
- 注重保養的人
- 藥廠

成本結構

研發技術成本、人事成本、設備成本

收益來源

- 產品售出收益

#C | 創業筆記 ✎

- 從事生技醫療必須要耐得住孤單與寂寞。

- 創業就要有要有置之死地而後生的覺悟。

- _____
- _____
- _____
- _____
- _____
- _____
- _____

#D | 影音專訪 LIVE 📹

生命之星國際

02-8228-0338

http://www.lifestar.com.tw/

新北市中和區中正路 736 號 3 樓之 5(遠東世紀廣場 A 棟)

#A

心夢品牌有限公司

從心出發，繪出夢想中的小宇宙

心夢品牌有限公司負責人，浩理斯。從小生性膽怯、個性自閉的他，在繪畫中找到全新自信的自己，以筆下創作的主角為故事主軸來探討夢境的世界，並以此為公司命名延伸其他設計創作，期許能為每個創作賦予專屬的意義及故事，並將這份溫暖渲染出去。

IP 角色 /AmisA 愛米莎

離不開繪畫，繪畫是最好的朋友

「每個人創業的起點都大不相同，但都有一把打開契機的鑰匙」浩理斯悠悠地說道，繪畫絕對是他創業的契機，然而意料不到的是，外表看似能言善道、敢說敢秀，甚至積極穿梭在各式展覽活動及邀約採訪裡的浩理斯，其實從小就相當內向且生性膽小，兒少時期的他就相當喜愛畫圖，總是埋首在漫畫及動畫的世界裡，並用在校所學的素描技巧從中揣摩角色繪畫，直到進到大學就讀視覺傳達設計系後，他才開始透過創作勇於展現自我。

十九歲，是浩理斯人生的轉捩點，也是他人生嶄新的開始。在大學裡他學習到如何建立與經營品牌，並透過創作擺攤展現自我，從中發現到自己很喜歡張羅一切攸關設計的事項，且很享受自己的老闆的感覺，這時浩理斯的心中也默默設下了創業的目標，他在創作的過程中透過品牌覓得自我、找到自己來到世界上的目的，於是創立了「Alice misA 心夢品牌」，透過創作探討內心的想法與夢境的奇幻旅程。

創造新角色，穿梭在夢境的奇幻世界中

「愛麗絲夢遊仙境」是眾所皆知的童話故事，但卻從未有人去延續故事發展、探討 Alice 的後來，於是浩理斯便創立新的角色──「AmisA」── Alice 的女兒，AmisA 是個夢想當上歌手的女孩，在逐夢的過程中跟 Alice 一樣進入了奇幻世界，並在其中找尋她的生世之謎，AmisA 從此便成為浩理斯創作的主要角色；興許是自己情感的投射，浩理斯筆下 AmisA 的故事主要皆圍繞著叛逆期，他憶及年輕時頭上總頂著那個年代最流行的龐克爆炸頭，還有早期媒體對於二次元文化、動漫文化及宅文化等的負面報導，那些以往不被大眾所接受的流行元素，直到近幾年總算得以被認同，浩理斯的創作裡不僅有著奇幻故事，更多的是對於社會現象的探討與反思。

而浩理斯的創作不止步於此，2018 年，他開始向多方面發展，他跨出的第一步是走向國際授權發展的市場，也才驚覺到國際市場之大，爾後，

他找到熟稔商務授權的夥伴、也認識到玩具開發商，便順勢開發公仔及原創小說故事，除此之外，浩理斯也在設計學院連鎖補習班擔任講師教導繪畫創作，且將學生的創作授權開發桌遊及手遊，主打親子教育的主題，透過遊戲體驗讓孩子提早摸索未來的夢想與職業。

不僅如此，浩理斯更將創作主題延伸至原住民身上，他想以台灣原住民的神話故事為主軸，探討大自然的生態及災害與人類的關係，並創造原住民英雄角色，創作與大自然抗衡的奇幻冒險故事，以動漫畫的形式去闡述文化，並從中探索如何面對真實的自我、找回最原始的自己。

為了逐夢，毅然決然成為北漂青年

為了一圓繪畫的夢想，浩理斯年紀輕輕就離鄉背井到台北找尋工作，當時懵懂的他曾經接到案子卻沒有如願拿到酬勞，也曾經遇到不肖經紀公司差點簽下賣身合約，走過這些崎嶇的路浩理斯也更加釐清自己的目標；「創業是不可能沒有低潮的」浩理斯說道，這一路上他聽過太多蜚語，「怎麼可能成為漫畫家」、「不可能達成夢想的」……，縱然有數不清的逆耳話語及不看好的眼光，但心志堅強的浩理斯面對批評時則選擇反向思考，那些傷人的句子都轉化成他邁進的動力，浩理斯說到：「雖然無法改變別人，但可以改變自己的選擇及生活圈」，原本自閉內向的他積極練習語言表達，原本不會用電腦繪圖的他現在成為專業講師，浩理斯認為每個階段都要不斷學習、不斷找尋自己適合的事情，他相信每個人都有與生俱來的天賦等待發掘。

絕不讓產業稍縱即逝，立志成為恆久閃耀的恆星

隨著公司發展趨於穩定浩理斯也加入 BNI 商務分會，並為分會設計專屬的獨角獸 logo，象徵期許其中的企業都能在未來成為獨角獸事業體，分會裡有各種專業的團隊以及專門的商務對接，「創業不再是單打獨鬥，團結一起走的力量才會更大」浩理斯說道，他堅信「有力量的團隊才能走得長遠」，透過團隊相互合作、各司其職，浩理斯也更能專注發展專屬的周邊商品，且提高產品內容的品質。

提及創業，最首要的是要先找到自己的定位，當目標及喜歡的事物愈是清晰就愈能找到適合及擅長的才能，尤其在數位化的現代，資源容易取得、競爭力也愈激烈，找到專屬的品牌文化及價值就更為重要，浩理斯說道；投入創作至今已經第十五個年頭，浩理斯仍會透過創作不斷地內省、審視自己，「莫忘初衷」是他要送給自己的箴言，他始終謹記自家品牌的核心價值，因為他深知儘管現在看似一切璀璨，但若沒有抓緊自己的意念企業很容易在這片創業星海中默默流逝，「想成為流星或恆星，端看自己」浩理斯說道。

#B | Alice misA 心夢品牌

商業模式圖 BMC

重要合作

- 連鎖餐飲
- 整合行銷企劃
- 零售食品業
- 遊戲公司
- 連鎖加盟顧問
- 社群行銷
- 禮贈品業者
- 策展規劃顧問
- 品牌策略顧問
- 3D 公仔設計

關鍵服務

- IP 授權、漫畫繪本
- 品牌吉祥物、公仔
- 企業名人肖像
- 電腦繪圖
- 動漫遊戲

核心資源

- 品牌創作授權
- 繪本插畫漫畫
- 跨產聯名商品
- 手繪漫畫教學
- 電腦動漫講座
- 文創展覽合作

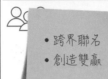

價值主張

- 強調反思的社會價值，男女孩們擁有自由創作的顛覆思維，人心如一面反射鏡，創作時投射作者思維，堅持夢的初衷，讓每個孩子擁有自己的一片天。

顧客關係

- 跨界聯名
- 創造雙贏

渠道通路

- 官方網站
- Facebook、Instagram
- Youtube、Twitter
- 購物平台、藝術節
- 文博會、插畫展
- 電腦動漫講座

客戶群體

- 動漫粉絲受眾
- 企業品牌需求
- 文化產業共識
- 品牌產品方
- IP 產業鏈

成本結構

人事技術成本、畫材成本、行銷成本、活動成本

收益來源

IP 授權業務、專業繪圖教學、商務吉祥物繪製、政府補助案、聯名共同發售、募資及 NFT 藝術銷售

#C | 創業筆記 🖉

- 創業不再是單打獨鬥，團結一起走的力量才會更大。

- 有力量的團隊才能走得長遠。

-

-

-

-

-

-

-

#D | 影音專訪 LIVE

#A

火花設計

找到你專屬的火花，映亮你的品牌價值

SPARKLE DESIGN

李芸珮（Petty），火花設計的創辦人。設計產業出身的她畢業後便投入設計產業的市場，設計之於她好似命中注定，她曾受僱於人、也曾自由接案，更曾自己創立公司，經歷過重大轉折亦累積了十幾年的產業經驗，她二次創業、從品牌設計再出發，期望透過設計與這個世界激盪出不一樣的火花。

標誌色彩計畫討論

一腳踏進設計，盼由設計激盪出火花

設計產業出身的 Petty 畢業後即北上求職，畢業後的職場生涯還算是順遂，有了兩年設計公司的經驗後她轉而成為自由接案的工作者，幸運的 Petty 有著絡繹不絕的案源，因此年紀輕輕的她便自然而然地開創了第一間公司，以商業設計為主，服務過為數不少的上市櫃公司，更曾與知名電信合作，設計之於她並非僅是糊口工具，更是為了實踐理想。

一晃眼，公司就安安穩穩地度過了十年，原以為公司就會如此穩定地成長，沒料到的是合夥人突如其來地提出拆夥，Petty 雖震驚但也不得不做出抉擇，於是她毅然決然地帶著團隊出走並成立了自己的公司，並藉此機會將公司轉型以品牌設計為主，希望創新的公司定位能夠與更多不同的產業合作，並激盪出不一樣的火花，因此將公司命名為「火花設計」。

不僅是設計，更是善循環的傳遞者

「永續、創新、以人為本」為火花設計的三大核心價值，Petty 認為永續發展是現在每個企業、甚至是每個人都該重視的議題，卻直到近兩年才真正落實，而會有如此的發想，是因為她曾在因緣際會下發現到，現今許多大型上市櫃公司都已經相當重視企業社會責任，且會編寫 CSR 報告書，也促使 Petty 跟進落實，因此在客戶的品牌創立初期就將 CSR 導入，選用不會對環境造成汙染的原物料，並在包裝設計上給予環保的建議，盡量減少包裝的環節，Petty 說道，新品包裝不外乎就是要吸睛，但拆除包裝後的垃圾還是會造成後續效應，每個產品設計完成後都會進入量產，若在一開始的設計上就講究環保、永續，那每個產品減少的汙染量累積起來對環境的影響可以降低許多，亦是一種友善環境的循環。

而提及「創新」，Petty 說道，不只是技術的創新，

1. 標誌設計提案會議　2. 聖誕節交換禮物
3. 辦公室環境　　　　4. 創辦人李芸珮（Petty）的工作照
5. 尾牙

還要有創新的思維才能不畏前進，在這個快速多變的時代，如果思想無法與時俱進，那企業也就無法永續經營，而永續與創新的概念最終都是回歸到人類的本身，我們都會希望周遭的生活環境及所用物品都是優質的，不需要身處在危機四伏的環境下，時不時就擔心環境汙染、食安問題等種種的社會問題，Petty 認為每個產品都是企業

家及設計師在深思熟慮下產出的，她對於設計的定義是宏觀且深遠的，在她眼底「永續、創新、以人為本」之間是環環相扣的。

「小小的改變，但一點一滴累積起來的美好是很巨大的」Petty 說道，很多人認為設計只是表面的工作，但她可不這麼認為、設計可不是如此的俗不可耐，永續發展是她賦予自己工作的意義，她對於設計有著強烈的使命感，她所做的是訊息的傳達者、視覺語言的提供者，傳遞大眾正確、良善的訊息亦是火花設計的宗旨。

二次創業，歸零、轉型再出發

「我這一生最熱愛的就是做設計」Petty 毫不遲疑、堅定地說道，這也就是為何她在前公司拆夥後仍然堅持走設計這條路，但她也直言那是她遇到的重大挫折，雖然原本的團隊願意跟隨她的腳步，但公司尚未有知名度也沒有資金來源，身上還背負著與前公司的訴訟待解決，而從原本的商業設計轉型成品牌設計，設計的角度、方向與模式皆要重新定義，再次創業對 Petty 而言是趟歸零重來的歷程。

Petty 不諱言，在種種困境中最令她苦惱的還是團隊的帶領，有別於以往的商業設計，輔銷物設計要的是快速產出，而品牌設計講求的是較有深度、較長遠的效益，為此，她還特地遴選品牌企劃人員與專案管理人員加入團隊，她更重視與客

戶溝通前期的企劃及核心概念，才能產出高品質的視覺設計，讓客戶在市場行銷上達到成效。

在轉型的過程中，Petty 也加入了商務組織，希望藉由引薦平台得到更多的交流合作，也因此接觸到以往未曾接觸過的類型，她甚至與台北藝術大學合作為新的學系做品牌設計，從未做過教育相關品牌設計的她，在這次的合作裡得到老師及校長的肯定，這對 Petty 而言無疑是至高無上的肯定。

規劃自有品牌，懷抱冒險精神勇往直前！

未來，Petty 計畫與 CSR 顧問合作，將永續經營落實的更完善，讓顧客的品牌能有更長遠的發展，將地基扎得更穩，而除了持續為他人做品牌設計，Petty 也規畫推出自己的品牌，私底下是貓奴的她希望開發貓咪相關品牌，從產品研發、品牌打造皆不假他人之手，也藉此從中體會到顧客的角度與想法。

Petty 踏入設計產業至今已十八個年頭，一路上歷經過大起大落，她仍對設計懷有百分之百的熱忱，「熱愛設計的人都有一定的冒險精神」Petty 笑言，設計是個總是在變動的產業，要能隨著時代的更迭與時俱進，才可以一直走在最前頭，若是因為害怕停滯不前，很快就會被市場汰換掉，雖然冒險，但這絕對是設計好玩且迷人之處。

#B| 火花設計
商業模式圖 BMC

重要合作

- inneRaise 健康管理品牌
- 攀吶進化館 VB Climbing Gym
- 東森自然美
- 國立臺北藝術大學— 音樂與影像跨域學程

關鍵服務

- 品牌定位
- 品牌設計
- 包裝設計
- 平面設計

核心資源

- 內部講座
- 品牌企畫
- 專案管理
- 設計師

價值主張

- 企業或品牌形象設計規劃
- 企業或品牌全年度設計
- 永續設計方案導入CSR(企業社會責任)

顧客關係

- 共同協助

渠道通路

- Facebook
- Instagram
- 研討會

客戶群體

- 品牌主理人
- 廠商
- 企業

成本結構

人事技術成本、行銷成本

收益來源

服務費用

#C | 創業筆記 ✎

- 小小的改變，但一點一滴累積起來的美好是很巨大的。

- 要能隨著時代的更送與時俱進，才可以一直走在最前頭，若是因為害怕停滯不前，很快就會被市場汰換掉。

- _____

- _____

- _____

- _____

- _____

- _____

#D | 影音專訪 LIVE

#A

Medicathon 醫源生醫

誰說醫師不能當網紅？你要的新媒體資源都在這！

侯鈞元，Medicathon 醫源生醫的執行長。有多年專案經理及處理各式產業案例的經驗，他看到生醫產業在行銷推廣上的痛點，決定挺身而出，搭建起生醫領域與行銷的橋樑，致力於幫助生醫產業做新媒體行銷，讓看似高深莫測的生醫產業也能走向一般民眾，用行銷拉近醫療與民眾的距離。

醫療與行銷的橋樑，由我來搭建

現今這個新媒體蓬勃發展的時代，大眾上網使用社群軟體的頻率愈來愈高，許多產業亦漸漸發展自家的社群平台，透過 Facebook、instagram 或部落格等平台與大眾互動，或是藉由開創自家的 youtube 或 podcast 的頻道與大眾說明，簡便的操作可以快速消弭與消費者之間的隔閡，拉近彼此距離進而培養忠實顧客群。

而社群平台的操作及行銷管理便是侯鈞元的專長，擁有資訊相關背景的他過去有多年專案經理的經驗，他經手過各式產業的案子，大多是協助企業成立新的單位或開拓新的業務，也因此接觸到醫療檢驗及生醫領域，他發現到生醫產業在行銷推廣上的不易，醫療專業人士會寫得過於艱澀難懂，但一般行銷人員又很難理解醫療的法規認證、技術等的專業內容，業務的推廣或產品包裝在廣告的呈現上往往都只是在表面的形容，侯鈞元認為要做生醫領域的行銷就必須看得懂產品，而他剛好就是那個人才，他懂行銷、也涉略生醫領域，於是決定跳出來解決生醫在行銷上的痛點，作為搭建兩個領域之間的橋樑，侯鈞元便創立了「Medicathon 醫源生醫」。

立志成為生醫領域的新媒體製造機

一般傳統常見的媒體行銷像是：替診所、醫師或公司行號舉辦產品說明會、記者會或研討會，抑或是幫忙做廣告招牌、公車看板或安排醫師上節目等，這些都屬於線下的媒體性質；而侯鈞元選擇跳脫傳統框架，專注於內容的產出並與時下趨勢接軌，替公司設計在社群平台曝光的圖文、規劃產品搭配的影音及文字呈現或是投放廣告等等，不同於以往多是曝光在報章雜誌與電視，而是協助客戶經營專屬的新媒體頻道如 youtube 或 podcast 等等，用民眾能理解的語言使其能快速地理解此診所或療程的特色與價值所在。

「專做醫療行銷」──是醫源生醫最大的特色，範疇看似狹隘其實囊括了生技公司、診所、醫師或營養師個人、機構、健檢中心、醫療器材廠商等的企業體，為了體現客戶的產品及核心價值，

醫源生醫也建立了內部智庫，真正了解產品內容、特色以及技術的推演，甚至分析在市場的競爭對手，也因為是專為客戶打造影音社群平台，所以公司使用的拍攝、剪輯、錄音等的硬體設備也都是一線的專業設備；走在最前端的思維、最新穎的商業模式，侯鈞元希望的是幫助客戶產出優質的內容，成為生醫領域的新媒體製造機。

走出封閉、帶領客戶走向最前端

博大精深的醫療體系一向都較封閉且排外，其中牽扯到的技術及法規甚是繁縟，若任意與不具備相關知識及背景的人合作或許會有風險，侯鈞元坦言，這樣的淺規則對於他這樣跨領域的年輕人而言尤其辛苦，在拜訪公司或等候門診時常遭受學歷及資歷的質疑，對他來說也是偌大的挫折，好在侯鈞元漸漸做出成績，客戶也看到所呈現的成效，正面的反饋亦紛至沓來，在歷經波瀾後得以被肯定與信任無疑是最大的成就感，也是侯鈞元在這個領域持續深耕的原動力。

侯鈞元憶及，曾有位資深的心臟科醫師委託醫源生醫拍攝問答影片以解決患者的疑慮，沒想到就因此在某次看診時意外遇到收看過影片的粉絲，這讓醫師相當開心，感覺自己彷彿躍身為網紅明星，也認為這樣的行銷模式很難忘且值得；像這樣將過去很難在社群媒體上跟風露出的產業，融合時下流行的話題或梗圖並放上網路，成功地讓原本封閉的領域更貼近大眾，如此的轉型與改變也讓生醫領域為之驚艷，侯鈞元說道，像這樣帶領客戶一起創新、走向最前端，也是這份工作最有趣的地方。

勇於探索與嘗試，做個掌握新媒體的通才

未來，侯鈞元希望可以建立各式不同領域的指標性客戶，他對自家的公司胸有成竹，也想證明醫源生醫有能力提供各種客製化的服務，以不同的包裝、文案、風格為客戶量身打造專屬的社群軟體，也因為服務過眾多的客戶，侯鈞元希望可以藉此讓同行之間做媒合、整合整個生醫領域的生態圈，大家可以彼此交流、共同成長，並規劃在五年後延伸至北中南皆有醫源生醫的落點辦公空間，提供更多元、更即時的服務。

新媒體是個很靈活的方式，侯鈞元相信「通才」才是現在新媒體所需的人才，在一直變換的新媒體上有太多工具可以學習，像是架設網站、拍攝及剪輯影片、平面攝影、圖片後製、手繪等等，「懂得連續及串連技能，擁有與專業人士的溝通能力，就是很好的協作關係」他說道，只要有興趣就勇於探索，不僅能讓專案加分，還能在多項領域間游刃有餘展現技能。

身為一個新創產業的創業家，侯鈞元強調：「不要太守舊、老是守在過去，要去接受新技術的出現」如果不願意去學習與了解，就會一直杵在原地，「新的技術不代表取代舊有的技術，要有自己打破自己成見的觀念及勇氣」侯鈞元說道，如同當初他鼓足勇氣創立醫源生醫，他相信他會一直走在前端，這個產業的蓬勃發展勢必是指日可待。

#B | Medicathon 醫源生醫
商業模式圖 BMC

重要合作

- 網紅
- KOL
- 片師
- 平面設計師
- 行銷企劃人員

關鍵服務

- 社群代操、圖文製作
- 平面設計、文案撰寫
- 影音製作與社群規劃
- 網頁規劃

核心資源

- 多種合作方案
- 經營管理、活動策畫能力
- 文宣製作經驗、腳本企劃能力
- 拍攝剪輯技術、管理系統開發
- 研究文案撰寫能力

價值主張

- 具有行銷與專案管理背景的醫療行銷團隊，團隊成員具有生醫背景也熟知診所、生醫公司的運作情況，同時具備良好的問題解決能力，幫助業主省下大筆的行銷預算與時間成本，達到最好的效益。

顧客關係

- 共同協助

渠道通路

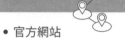

- 官方網站

客戶群體

- 醫院、醫師
- 藥廠、企業家
- 檢驗所、營養師
- 護理師、檢測商
- 生醫公司、自費診所
- 健檢中心
- 代理經銷商
- 醫療器材廠商
- 保健食品廠商

成本結構

人事技術成本、行銷成本

收益來源

服務費用

#C | 創業筆記 ✎

- 不要守在過去, 要接受新技術的出現。

- 要有自己打破自己成見的觀念及勇氣。

- _____

- _____

- _____

- _____

- _____

- _____

- _____

- _____

#D | 影音專訪 LIVE 📹

Medicathon 醫源生醫

0976-609-598

https://medicathon.com/

新北市永和區水源街 33 巷 21 號 1 樓

仕合廖家─手作御食

為您任性的味蕾找到最適合的美味絕品

仕合廖家 Liao
Homemade Cuisine / Coffee & Tea

廖仲凱，仕合廖家─手作御食的創辦人，他熱愛料理，對於調酒、咖啡、輕食都駕輕就熟，他決定帶著累積多年的餐廳經驗回到家鄉──南投草屯，以精緻餐盒開啟創業之路，從開發菜單、選材、料理到推出餐點每個細節都灌注全心全意，希望用料理延續溫度，將吃到美味料理的幸福感分享出去。

仕合廖家手作御食的餐盒

十年磨一劍，多年經驗積累鋪陳創業之路

廖先生一直對於料理有著濃厚的興趣，相對於其他同年齡層踏入社會的時機較晚，雖然起步晚，但他很清晰自己喜歡的是什麼，一出社會隨即進入了餐飲業工作，他待過德國啤酒餐廳、日本料理、法式餐廳，也學習調酒與義式咖啡，甚至取得葡萄酒講師證照。累積了多年外場及吧檯的第一線人員經驗，從一般正職人員一路升職到店長、店經理，而這一待就是十幾年的歲月。

他想為長年在餐廳擔任外場人員的生活做些突破，「我總是為了別人而工作，為什麼不乾脆自己創業呢？」廖先生思考著，在這些年的學習與應用累積的經驗，是時候該回家鄉為自己為家人做長遠的規劃，於是他便回到了家鄉──南投草屯，並創立了「仕合廖家─手作御食」。

向名廚看齊，創造獨樹一格的料理哲學

在料理的路上，廖先生深受許多名廚的影響，米其林主廚 Chef Danny 張方萌主廚就是其中之一，曾在與張主廚共事的法式餐廳時，總與我們分享關乎他的料理核心及背景，這也讓廖先生反思著自己有沒有專屬料理哲學，於是他替自己的料理歸納出六大核心：

（一）、營養為主：營養健康是餐點的最基本要件。

（二）、風土條件：每個季節都有不同的當季作物，種植地坡度、土壤條件、作物向陽或背陽性等都會影響到蔬果的品質及風味，廖先生特別選用有產銷履歷及南投農會推廣食材溯源認證的農產品，也親自種植有機香草，所有選材皆親力親為嚴格把關。

（三）、餐點呈現的和諧感：從食材的自然原色增添餐點擺盤的畫面感。

（四）、用餐味覺的平衡感：仕合廖家以米食為主打，不侷限於燉飯、義大利麵、披薩等一般常

見的西式或法式料理，而是將西式或法式的元素結合米食呈現在同一份餐點上。

（五）、分享：一個人是無法成就自己的幸福，就算做的再好吃沒有分享出去也沒有用。

（六）、共生：廖先生認為草屯現在處於待開發市場，雖然餐飲業看似已達飽和，若可以與在地優質店家、優質農產品結合，將產業精緻化，既與農業互利共生又可以成為具有獨特性且佔有競爭優勢的品牌，相互合作、相共生。

不只是高級便當，更是留住營養健康的餐盒

目前仕合廖家只有販售餐盒，尚未有實體店面、就像媽媽廚房一樣，而精緻餐盒相對於一般自助餐店的便當而言定價稍高，因此餐盒也常常僅是被定義為較高級的便當罷了，如何將大眾認為較陽春的便當做到有獨特性是一大考驗，而廖先生苦於沒有實體店面、也就沒有與顧客面對面說明與解釋的機會，因此質疑的聲浪與負面的反饋一度讓他受挫，甚至有了乾脆再降價的想法；但廖先生提及自家與一般健康餐盒的不同，主打以法式烹調手法為主菜料理，並非一般市面上的水煮低 GI 健康餐盒；在主食料理設定上，以低溫舒肥首發為主，保留較多的營養價值，更增添了口感的柔嫩性，且更能縮短料理出餐時間；而配菜的製作也講究不過度烹調，使用優質初榨橄欖油與日曬海鹽料理，適量油脂、少許調味，藉由當季的蔬果就能製作出美好的料理。

「一輩子將一件對的事情做好，就夠了！」廖先生一直以來都秉持著初心用心篩選材料及烹煮手法，甚至自我鑽研食譜書及營養學等書籍，他笑言，走上創業的這段日子大概是數一數二認真的時刻，肩負著對料理的使命感，他對料理始終如一地盡心盡力，而近期逐漸從外送平台上收到許多高度正面的評價，也終於讓他如 釋重負，努力被看見及肯定就是他最好的反饋。

料理不僅是餐點，更能撫育生命、傳遞幸福

而問及為何取名為仕合廖家，廖先生答道，其實原本也只想簡簡單單取作廖家食堂就好，正好讀到日本年近百歲的料理研究作家辰巳芳子的《生命與味覺之湯》一書，其中提到：「撫育我們生命的，正是味覺」，也讓廖先生體悟到料理的意義不單只是做出一道菜，而是提供美好的餐點讓顧客身心靈都得到滿足，人與人之間的互動與共生才是最重要的，如果沒有分享出去再認真做料理也是徒勞無功，於是他選用「仕合」一詞有幸福的日文古字之意，也足見他對料理的用心。

前也正著手進行實體店面的設計，未來他會逐漸拓展料理事業的版圖，他希望能實踐他的料理實力，延伸出咖啡、輕食與正式餐點等類型餐點，一步一步扎實地走，渴望用料理與中興新村的美合作，再為他的家鄉帶來一片光景。

#B | 仕合廖家—手作御食
商業模式圖 BMC

重要合作

- 銘琴環境友善農場
- 金農米
- 有心肉舖子
- 欣伯肉品
- 埔里上益筊白筍
- 魚池東光菇園
- 國姓鄉菇寶寶
- 草屯北勢牧場
- 南投各農會
- foodpanda

關鍵服務

- 手作舒肥餐盒

核心資源

- 自家種植有機香草
- 料理技術
- 咖啡技巧
- 調酒技巧
- 法國葡萄酒講師證照

價值主張

- 日文字的「仕合」：しあい，有著愛、幸福的意涵。我們用料理延續溫度，以手感重新詮釋這份對爺爺的思念，以米食賦予人與人之間最初的共鳴。一起用初心細細品味這份堅持的感動！

顧客關係

- 主動購買
- 互動式服務

渠道通路

- 官方網站
- Facebook
- 外送平台

客戶群體

- 外食族
- 注重健康營養的人

成本結構

人事成本、原物料成本、行銷成本

收益來源

產品售出收益

#C | 創業
筆記

- 人與人間的互動與共生才是最重要的, 如果沒有分享出去再美味的餐點也沒有意義。

- 一輩子將一件對的事情做好, 就夠了!

- _____

- _____

- _____

- _____

- _____

- _____

- _____

#D | 影音專訪 LIVE

仕合廖家—手作御食

0985-027-014

https://chinese-restaurant-2715.business.site/

南投縣草屯鎮成功路一段 200 號

RE 紅包

一款解決以往點數回饋會過期或店家無法通用等兌換問題的現金回饋 app，在消費後開啟 app 就可隨機領取紅包、現金回饋最高可達 100%，不同店家也可通用，店家以聯盟行銷的模式異業合作、不再是單打獨鬥；目前全台已有多達 8000 間的聯盟店家及 80 萬會員加入，結合「行動應用」與「共享經濟」的獨特創新服務為店家及消費者創造雙贏。

蜂學美語

學習不只是單向輸入，全外師的環境讓孩子勇於開口，養成獨特、創新的思考能力，主題式的「實境說話課」讓孩子走出教室、將英文的表達應對能力實際運用在生活；「外師錄音一對一教學」讓孩子回家也能聆聽並模仿發音；「課後一對一評核」讓孩子了解學習成效，確保吸收當日課程，完美落實品牌核心理念──「培養帶著走的美語力」！

台南市私立李學院文理短期補習班

旨在「藉由學習訓練做邏輯思考能力、透過教育翻轉人生」，不僅幫助學生的課業，更在意學生的精神、心理及未來，除了課本的學問、更有寒暑假的生態營及機關賽等活動，讓學生體驗自然生態、增加學習閱歷，盡心盡力營造沒有壓力、充滿向心力且溫馨的學習環境，亦師亦友的師生關係、用心傾聽學生的心聲，彷彿第二個家一般溫暖。

香腸世家

以食品加工廠起家的企業集團再打造之品牌，與農民及漁民合作、結合在地食材打造特產香腸，黑鮪魚、飛魚卵、墨魚、櫻花蝦為基本，目前已延伸出兩百多種口味，堅持使用上等豬後腿肉低溫製作，口感好且無油耗味，原料紮實、口味獨特讓消費者為之驚艷，亦是食品展、世貿展上搶手店家，希望未來能將新穎獨特的香腸推上國際舞台。

Line 社群營銷實戰寶典

有 15 年金融、保險、銀行、投顧等多領域產業經驗，及證券、期貨雙分析師資格，曾遠赴中國學習微信相關營銷法，更曾一個月招收營業額多達 100 萬，透過分享教學筆記吸粉進群組、進而創造群組價值感，充當「學習型的顧問」，幫助學員了解實際課程內容、並同步分享整理筆記，補足過程中的疑惑與缺失，在學習過程中達到最好的效果。

柏晟工程行

防水工程是門艱深的學問，光材料就多達百種，有許多工法及步驟，柏晟的服務囊括浴廁漏水、天花板漏水、窗框滲水、抓漏、壁癌等等，漏水的原因有很多，可能是混泥土沒有塞滿、剪力破壞、洩水問題等等；「重視客戶想法、注重售後服務」是柏晟的經營理念，水無孔不入、追根究柢肇因並對症下藥才能治本，做到最圓滿的修繕服務。

iTunes BMC（範例）

重要合作

- 唱片公司
- 設備製造商

關鍵服務

- 硬體設備
- 軟體設備
- 設計技術
- 供應鏈管理

核心資源

- iPods 設備
- Apple 品牌知名度
- 設計人才
- 內容授權

價值主張

- 不間斷的音樂體驗及設計優良的設備。

顧客關係

- 品牌愛好者
- 客戶轉移

渠道通路

- iTunes store
- Apple store
- Apple.com

客戶群體

- 全球市場（Apple 用戶）

成本結構

人事成本、營銷成本、權利金、設備研發及維護成本

收益來源

會員訂閱費用、影音上架服務費用

我 創 業， 我 獨 角 （練 習）

設計用於 _____ 　設計人 _____ 　日期 _____ 　版本 _____

重要合作	關鍵服務	價值主張	顧客關係	客戶群體
_____	_____	_____	_____	_____
_____	_____	_____	_____	_____
_____	_____	_____	_____	_____
_____	**核心資源**	_____	**渠道通路**	_____
_____	_____	_____	_____	_____
_____	_____	_____	_____	_____
_____	_____	_____	_____	_____

成本結構

收益來源

Chapter 3

大佬堂手搖飲港式點心

今天的你「港」動了嗎？

產品照

單漢威，大佬堂手搖飲港式點心老闆；賴美丞，大佬堂手搖飲港式點心老闆娘。單漢威是土生土長的香港子弟，與賴美丞倆人為一對羨煞眾人的神仙伴侶，賴美丞於某日興起創業念頭，以地道港式飲茶出發，協手丈夫共同創立「大佬堂手搖飲港式點心」。

犯鄉愁的丈夫

自從與賴美丞結婚後，單漢威便過著台港兩地雙頭跑的日子，從小吃慣香港飲食的單漢威在台灣總是遍尋不到道地的港式美食，並不是台灣小吃不好，而是離鄉的人總是不免懷念家園，而食物便是最好連結記憶的方式，因此在妻子賴美丞準備創立飲品店時，單漢威馬上便提議融入香港元素。

賴美丞年輕時便經手過飲品產業，對茶葉選購、飲品製作、新品研發都相當有一手，因此決定創業後她便鎖定飲品店作為創業方向，然而在競爭激烈的飲料產業要如何脫穎而出著實是道難題，丈夫單漢威的提議猶如一盞明燈點亮了滿遍迷霧的創業路，賴美丞決定轉變方向，提供台灣茶品以外也將道地港茶並列主要商品。

全台尋茶還原正統港味

「大佬堂」手搖飲港式點心的名字由來相當逗趣，起先倆人對名字琢磨了好一陣子，始終沒有想到「就是它了！」的店名，討論過程中賴美丞當時無心的應了句：「不然就叫大佬好了？反正我平常也都這樣叫你。」起初單漢威並不贊同，在香港文化裡「大佬」用法較偏俗語，聽起來總感覺稍嫌不入流，但賴美丞提出在台灣本地並沒有大佬用法，一來特色鮮明，二來也能清楚表露品牌定位，單漢威也就首肯了妻子的決定，以「大佬堂手搖飲港式點心」為名，兩人正式走向創業路。

夫妻倆人開店遇到的第一道困難便是「原物料」，香港的茶飲並不像台灣一樣使用單一茶種，大多香港茶飲都是使用「溝茶」——混合不同茶種所提煉出來的茶業——作為烹飲原料，當時夫妻倆每天起床便是不斷地品茶，想方設法地找出最貼近香港本地的茶味，嚐遍各

1. 冰火菠蘿油
2. 台北永春店
3. 豬腸粉
4. 台中總店
5. 楊枝甘露

種茶種後，倆人最終仍選擇直接從香港本地進口茶葉，因為他們的初心很明確：「讓台灣人嚐到真正到底的港式飲品」，而本土茶葉並沒有辦法如實重現港茶特色，因此即便耗費大量進口成本，夫妻倆眉頭都沒皺一下。

感動無數人的茶飲店

店鋪開張後主打道地港茶，吸引許多消費者前去，一開始台灣消費者並不了解香港的飲茶文化，許多人常常提出「去冰」的要求，但由於香港茶飲皆是用熱茶沖泡，如果去冰的話就會是熱飲，與一般台灣飲料店有很大不同，夫妻倆當時耗費不少心神才漸漸讓消費者理解兩邊的飲食文化差異。

縱然創業生活忙碌，其中卻不乏許多賺人熱淚的故事；賴美丞提及曾有一名台北的學生與女友相偕前往台中遊玩，連續三天都來到大佬堂購買飲品，賴美丞忍不住好奇問：「你怎麼連買三天？不會影響後面行程嗎？」學生只是靦腆一笑應：「每次一喝就覺得好像回到香港，忍不住一直跑來。」賴美丞與單漢威倆人聽及簡直再歡喜不過，來自香港本土人士的肯定對夫妻倆來說是莫大的鼓勵。

一路走來不乏許多前輩建言改良口味來貼近台灣消費習慣，但倆人的共識就是真實還原香港文化，打死也不打算放棄這則信條，而這樣的堅持也得到客人的認同，許多人大老遠跑過半個台灣就是為了一嚐大佬堂的飲品，其中不乏來台工作、讀書的香港人士，能夠給異鄉游子一份來自家鄉的溫暖，對賴美丞與單漢威倆人來說勝過一切。

穩紮穩打、放眼未來

夫妻倆表示短期計畫是先穩固企業體，創立甫一年半，許多細節跟流程都必須先確立好標準才能夠進入下一階段，因此表示並不急著展店；若是未來拓展將會鎖定台中市中心，讓大佬堂走向更開闊的市場。

創業的艱辛夫妻倆體悟相當深，但他們總是記得創業的那份初衷——為什麼踏入這行？——現今資訊爆炸，風向說變就變，若要一昧追隨潮流並不是長久之道，因此夫妻倆始終堅守城池，縱然艱辛、挑戰四伏，也會勇敢地繼續前進，走出屬於大佬堂的道路。

#B | 大佬堂手搖飲港式點心
商業模式圖 BMC

 重要合作

- 香港茶商
- 材料進口商

 關鍵服務

- 飲品販售
- 餐點製作

 核心資源

- 香港本地背景
- 茶餐廳學習經歷
- 堅守價值

 價值主張

- 提供香港正統飲食予本土，真實還原港味。

 顧客關係

- 直解鄉愁
- 主動購買
- 口耳相傳

 渠道通路

- 實體據點
- 社群平台

 客戶群體

- 留台香港人士
- 學生族群
- 上班族
- 觀光客

成本結構

材料進口、營運開銷、研發費用

收益來源

商品收益

#C | 創業
筆記 ✎

- 捍衛品牌初心，切勿盲目跟風。

- 產品特色區隔化以創造最佳利基點。

- _____

- _____

- _____

- _____

- _____

- _____

- _____

- _____

#D | 影音專訪 LIVE 📹

04- 2222-1227

https://www.facebook.com/DAILOTEASHOP/

台中市中區台灣大道一段 293 號

身為職人的堅持

羽笠食事

梁翌修，羽笠食事創辦人。初中畢業就投入餐飲業的梁翌修出社會多年，對於餐飲經營有自己的想法，因此他興起創業念頭，從最熟悉的日式料理出發，以「羽笠食事」為名，意旨保持初衷，與同仁互相學習成長，讓顧客得到滿意的用餐體驗。

羽笠食事合菜 DM

從無到有的成長路

梁翌修早年便踏上餐飲產業，國中畢業的他做為學徒進了日式料理店，一開始連蔥蒜都分不清楚的他總是被師傅罵到臭頭，對於工作他沒有太大的想法，年少的他心中只想著賺錢，雖然對於師傅毫不留情面的指教他難免感到受傷，但他總會想起奶奶總是耳提面命的那句話：「囝仔人，有耳無嘴。」選擇默默學習，一步一腳印地慢慢習得專業，在那段日子裡梁翌修想法相當單純，他總是想著能夠多學一點是一點，有空時亦會撥出時間參與廚藝競賽或活動，梁翌修沒想到的是這些經歷將在他未來的人生起到莫大的幫助。

退伍後的梁翌修離開日料店，後續又做了幾份與餐飲相關的工作，如飯店、西餐……累積多年積驗的他發現自己其實對於餐飲其實飽富熱忱，他喜歡看見空盤時帶給他的成就感，也喜歡顧客臉上滿足的真摯笑容。然而，職場生涯並沒有梁翌修想得容易，他並沒有找到符合心中理念的企業，每每總工作一段時間後因細故變得疲乏，梁翌修心想這樣下去不是辦法，請辭工作後他興起創業的念頭，起初只是一個想法，但梁翌修越經思酌越發現這其實才是自己真正想要的——擁有一間自己的餐廳，用自己喜歡的方式做菜給客人吃——抱持著必勝的心，以「羽笠食事」為名，梁翌修在台

中市一級餐飲戰區——公益路商圈——開了第一間店。

零走向一百分的成長

從廚師的身分轉換到管理者並非易事，身為廚師只要專注在料理本身，但身為一個管理者必須更全面、更精細地審視企業所有細節，而其中牽涉到許多專業並非一蹴可幾，梁翌修亦此，只知道做菜的他對於經營理念、財務規劃、人事管理…相關營運機制並不了解，為了成為一名稱職的管理者，梁翌修做了許多功課才慢慢摸索出適合羽笠食事的模式。

企業除了內部管理，對外形象亦是一大重點，

1. 承辦建設公司外燴
2. 年菜發表記者會
3. 贊助勵馨基金會餐會
4. 20200114 明台餐飲教師研討會

對第一手與客人接觸的餐飲業更是如此，梁翌修認為服務人員必須能夠加承顧客的消費體驗，若是因為服務品質而影響顧客心情，無論餐點再美味都將對品牌形象大打折扣。因此除了食物本身，梁翌修同時十分重視服務態度，這點從教育訓練便可見端倪，羽笠食事的服務信條是「親切」、「溫暖」，從此能明顯地能夠感覺出梁翌修希望將羽笠食事打造為一處除了擁有美味佳餚，同時也有著優良服務的放鬆天地。

正所謂危機即是轉機

問及困難點，梁翌修回覆新冠疫情的延燒確實打擊到餐飲產業，公眾避不出門，消費熱度減退，羽笠食事也曾一度陷入困難，但身為梁翌修腦筋動得靈敏，他發現許多同業紛紛做起餐盒以應慘澹的經營業績，他便效仿跟著做起餐盒來，不同的是比起一般餐盒，梁翌修放了許多巧思在內；梁翌修不只是想做一份便當，他想做的是一份「好看又好吃的便當」，因此他利用色彩繽紛的蔬菜做為配菜，刺激眼球外同時也兼顧營養素，並利用魚、肉兩種主食蛋白質的搭配豐富整體菜色，此餐盒一出馬上引起一波熱潮，吸引大批消費者選購，梁翌修此舉成功帶領羽笠食事脫離危機，還意外開啟新產品線──冷凍食品──。

梁翌修於開發餐盒過程中發現現代人十分忙碌，家庭人口數偏少，準備適量的菜色變得相對困難，為此他開發出小包裝冷凍食品供客人選購，除了能夠免除食物浪費問題亦能保有食材新鮮度，梁翌修想得沒錯，許多消費者紛紛表示小包裝冷凍食品十分受用，意外開發的產品線為羽笠食事帶來可觀的收入，未來也將常態進駐羽笠食事。

強烈的信念勝過一切

一路走來梁翌修吃的苦並不比誰少，他並不是不受挫、不沮喪，而是他很清楚知道自己要的是什麼，也很清楚希望品牌未來想呈現的樣貌，因此即便過程中得犧牲掉時間、金錢、甚至是關係，他仍咬牙堅挺，未來的梁翌修亦會懷著這股執拗帶領羽笠食事更強大的企業體系。

與老同事晶華酒店各主廚餐敘

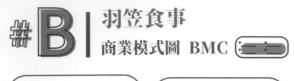

羽笠食事
商業模式圖 BMC

重要合作
- 學校機關
- 材料進口商

關鍵服務
- 日本料理販售
- 冷凍食品
- 合菜製作
- 年菜訂購
- 外燴服務

核心資源
- 專業師傅
- 廚藝考照

價值主張
- 秉持親切服務，堅持提供新鮮食材，力求帶給每位顧客美好的用餐體驗。

顧客關係
- 重視感受
- 聽取回饋
- 客戶自找上門

渠道通路
- 實體據點
- 社群平台

客戶群體
- 學生
- 小資族
- 大 / 小家庭
- 上班族

成本結構
材料進口、員工訓練費用、進修支出、人事開銷、營運成本

收益來源
餐點營收、外燴費用、年菜 & 合菜 & 冷凍食品銷售

#C | 創業筆記 ✏️

成立時間：2014/12/03
團隊人數：15

- 比起埋頭苦幹，學會抬頭聆聽。

- 極力鞏固企業文化與客戶需求間的平衡。

- _____

- _____

Q 開發 / 溝通過程什麼事情發生最令人害怕？

A 餐飲業最大的變數始終是"人"，不論是同仁或是顧客，最好的溝通就是理解對方想要的，我們能做的，千萬不要過度膨脹，或是步步退讓，過與不及都不是最理想的，要雙方都能平衡才能長久。

Q 短期內還有什麼需要補進來的關鍵角色嗎？

A 俗話說禮多人不怪，在餐飲業尤其是，面對顧客的應對進退實屬關鍵，我們始終在尋找及培養服務得宜的夥伴。

#D | 影音專訪 LIVE 📹

浦田竹鹽
鹼性鹽·Bamboo SALT

富含礦物質的結晶，深山與大海的精華萃取

浦田竹鹽

陳村榮，浦田竹鹽的總經理，曾在竹材加工廠打工，看著傳統竹產業歷經興盛時期到現在淪為日漸沒落的夕陽產業，他認為竹鹽是古人的智慧結晶應當使其永續傳承，於是投入竹鹽及竹炭的製程研發，期盼透過竹鹽的推廣帶動整體經濟循環，讓台灣竹產業重振繁榮。

2020 台北創業週記者會

推廣飲食智慧，分享記憶中的味道

來自彰化鹿港小鎮的陳村榮，父親從事塑膠產業、舅舅從事竹材加工，自小就在自家工廠幫忙的他熟悉整個工廠的運作模式及生產製程，也在與竹農的接觸互動中了解到台灣的竹林產業生態，對於竹材陳村榮有著獨特且濃厚的情感，他憶起兒時感冒身體不適或胃脹氣時，母親常用紙將海鹽包起來放進大灶裡燒，再將燒完的鹽球磨成粉末泡成燒鹽水，「是不是能將加工的竹材與傳統的鹽巴結合呢？」陳村榮思忖著，他想將記憶中母親的愛與手法分享出去，讓燒鹽這種飲食智慧普及化。

有了初步的想法陳村榮便進一步鑽研，他發現早在黃帝內經及本草綱目中就已記載了燒鹽及炒鹽的用法，有助於減緩撞傷、紅腫或瘀血等的不適，鹽可說是古人的智慧結晶，於是陳村榮決定將先人的智慧結合他最熟悉的竹材，他直接將海鹽裝到竹筒裡燒製，燒製過程不但順利成功、味道也很好，陳村榮的第一項產品——「竹鹽」——便誕生了。

成立公司，竹鹽品牌正式問世

由於傳統的竹子大多在山上燒製且過程中會產生大量的煙，為了更便於掌握竹鹽的燒製狀況也屏除空氣汙染及危害健康的缺失，陳村榮欲改良傳統柴燒的方式，並著手研究燒製化學原理希望

能開發鐵桶爐具，歷經反反覆覆的來回試驗，耗時近十年，陳村榮終於開發出四代爐具，可以在密閉的廠房空間達到無煙燒製的狀態，陳村榮也在當年順勢成立「田榮股份有限公司」投入竹鹽及竹炭的製程研發，並推出旗下品牌——「浦田竹鹽」。

竹鹽的價值在於它在高溫燒製的過程中會將有機物燒掉，並留下單純的礦物質，而在這種狀態下礦物質會產生高鹼性及高抗氧化性，此時的鹽體適合以 0.9% 的比例泡水喝，可補充身體細胞的水分、礦物質及電解質，有益於細胞活化，適合在運動過後或身體微恙時飲用，是自然的保健調理品，也適合素食主義者或有機飲食族群飲用，可以補充無法食用肉類而攝取不到的營養元素。

1. 參與 2020 台北市線上經貿拓銷團
2. 與賽德克巴萊族長共同開發馬告竹鹽調味品
3. 2020 台灣國際生技展
4. 2019 農畜產品展售會
5. 第八屆科技農企業經營管理菁英班到廠參訪

走過碰壁瓶頸，悟出最佳竹鹽燒製密技

縱然現在竹鹽產品已穩定推出，但陳村榮其實也曾經歷過屢屢碰壁的時期，憶及創業初期，光是爐具的研發就折磨他好一段時間，竹子在燒製後會生成落灰，上方的灰燼落下會導致底層的溫度過高、鹽柱被溶解，還沒燒完的竹子會被包覆起來使得竹子的油氣也跟著被包在內部，油氣無法散發出去就會產生燒焦味，也會生成對身體有害的物質，因此爐具需升溫到幾度、燒製多久都需要審慎拿捏，陳村榮說道，他花了許多心力與時間才研究出最適當的方式：前段以半悶的原理讓竹子的水氣與油氣滲入鹽體，後段則以高溫的方式釋放油氣，不僅得到好的鹽體、竹炭也能夠原色呈現。

陳村榮認為很多人對於礦物質及鹽的認知仍不夠透徹，也因此田榮股份有限公司是台灣目前少數投入竹鹽製程研發的公司，他透過設攤、參展等多方面管道提升品牌知名度，為的就是希望讓竹鹽這項天然的產品能夠普及，他的態度堅決且他深信所選的這條道路是正確無悔的。

懷抱大海精神，推廣竹鹽、重振竹業

對於從小就在竹材加工廠工作的陳村榮而言，他創業不單只是想推廣竹鹽，竹產業的興盛與衰落時期他皆參與其中，眼看著老一輩的竹農已無精力再整理舊竹林，竹產業已漸漸式微，而竹子的用處除了燒製竹鹽以外，其餘部分可以再加工做竹製品，廢材也可以做生質顆粒燃料，對於環境的二氧化碳固碳率有一定的成效，陳村榮希望能透過竹鹽的盛產串連起竹產業，不僅能間接活化老舊的竹林、做到友善環境，也希望能透過整體經濟循環的模式，創造更高的生產價值鏈，讓台灣的竹產業東山再起並得以永續。

「浦田」，有大河旁的良田之意，陳村榮身為鄉下來的孩子，在河邊及田間玩耍是他的兒時樂趣，他認為大海之所以可以孕育多樣生命是因為它富含資源，陳村榮將品牌命名為『浦田竹鹽』除了是兒時的記憶延續以外，亦象徵著他會向大海看齊，將大海孕育生命的精神用來做竹鹽產品，希望不僅能將竹鹽推廣到大家的餐桌上、生活中，也向大海一般延伸到全世界。

#B 浦田竹鹽
商業模式圖 BMC

重要合作

- 竹農
- 竹材加工廠

關鍵服務

- 一烤竹鹽
- 風味竹鹽
- 三烤養生鹼性竹鹽

核心資源

- 竹鹽燒製技術

價值主張

- 浦田竹鹽將先人的智慧結合時代科技的進步，生產富含深山及大海元素的竹鹽，讓地球的每一份子，都能享有最自然的鹽品。

顧客關係

- 主動購買

渠道通路

- 官方網站
- Facebook
- 購物網站、媒體報導
- 展覽活動、展售會

客戶群體

- 素食主義者
- 有機飲食族群
- 家庭主婦
- 養生的人

成本結構

製作成本、包裝成本、行銷成本

收益來源

產品售出收益

#C 創業筆記 ✐

- 儘管外界對於自身產業認知不夠透徹，也要堅信自己所選擇的路是正確的。

- 透過設攤、參展等多方面的管道曝光，可以提升品牌知名度也可以使產品更為普及。

- _____

- _____

- _____

- _____

- _____

- _____

- _____

#D 影音專訪 LIVE 📹

浦田竹鹽

04-771-9047

https://www.puten.tw/

彰化縣鹿港鎮崙尾巷臨 222-22 號 D 棟

韓金量新韓式炸雞總部

迸出新滋味、炸出高含金量的美味新式炸雞！

黃子維，韓金量新韓式炸雞總部的執行長。因為與太太有相同的共識與想法，於是決定攜手創立韓式炸雞店，除了想將韓式炸雞推廣給饕客以外，更希望能顛覆傳統，為消費者帶來有別於以往、全新的味蕾與視覺上刺激。

炸雞魅力難擋，無限商機不容小覷

美食一直是台灣遠近馳名的特點，尤其說到炸雞更是日常生活中不可或缺的速食，鮮嫩多汁的炸雞再加點其他的炸物小點心，不僅上班族買來犒賞平時工作的辛勞，小朋友也喜歡吵著要家長買，就連觀光客來台也是必吃，可以說是老少咸宜、大人小孩都難擋炸雞的魅力。

而炸雞每年創造的商機更是不容小覷，炸雞產業的前景看好，各家業者更是想破頭、出奇招吸引消費者光顧，韓金量新韓式炸雞總部的黃子維執行長也看到了產業的前瞻性，他與太太有同樣的共識與想法，於是決定攜手創業、加入這片紅海市場的競爭。

原有品牌再升級，美食饗宴、多重選擇

黃子維原本手上就有一間「歐巴韓式炸雞」，坐落於台中的一級戰區——一中商圈——鄰近百貨公司、多所學校，是個交通繁榮、消費者絡繹不絕的美食集散地；儘管店面每天都大排長龍，受到許多學生族的愛戴，但黃子維與太太仍不甘於現狀、不止步於此，他倆認為炸雞還有許多創意發想的空間，他們想顛覆傳統，為消費者帶來味蕾與視覺上全新的感受與刺激，於是將品牌再升級，第二代的品牌——「韓金量新韓式炸雞總部」因此誕生了。

一般大眾對於韓式炸雞的既定印象就是炸雞外表再裹上一層糖醋醬，但黃子維希望將台灣與韓國的食材結合，並重新定義「新韓式炸雞」，店內有多達九種醬汁及三種調味粉可供選擇，不論是搭配年糕或甜不辣等的炸物都很相當合適，除了甜中帶點微辣的甜醬，還有剛入口是甜的、緊接而來香辣後勁十足的韓式辣醬是基本必點以外，泡菜起司醬更是店內的招牌，亦是黃子維特別研製全台唯一的口味，有別於一般只是將泡菜撒上乳酪絲的做法大不相同，而是將泡菜打成醬汁再與起司醬融合一起，一開始會聞到濃濃的泡菜

香,咬下去會吃到濃郁的起司,吃到最後會有雞肉的雞汁香,每一層都是驚喜、每一口都很驚艷,且泡菜加上熔岩起司的搭配鹹香中又帶點辣,相當受到起司控及泡菜控的青睞;另外還有充滿起司香與奶香的起司雪花粉、及特製的三星椒鹽粉也是韓金量獨樹一幟的調味粉。

除了獨特的醬汁以外,黃子維對於雞肉的處理亦絲毫不馬虎,食材的品質絕對是第一優先,黃子維說道,因為雞肉的嫩度與內含的水分只要些微變質都會造成口感不同,所以通過食品檢驗合格是必備的,雞肉也是新鮮現炸絕不囤積到隔日,每日新鮮的溫體雞肉醃漬,裹上粉漿再使用專用油鍋高溫油炸以鎖住其中肉汁,起鍋後剪開雞肉再攪拌醬汁讓其更入味,金黃色澤酥脆的外表、內在富含飽滿的雞汁及鮮嫩的口感,讓人吮指回味,炸雞、雞翅、腿排皆是店內的人氣必點,還有口感彈牙軟糯、愈咬愈香的炸年糕,以及韓國

道地的醃蘿蔔,清爽酸甜的滋味可以解辣與解膩;種類繁多、五花八門的菜單吸引許多饕客,每到下課、下班時間店門口都是門庭若市。

愈是相信自己、就愈接近成功

黃子維坦言,最初懵懵懂懂地踏上創業一途其實也只是一心想賺錢,但歷經多年的磨練、客源的積累,逐漸有許多慕名而來的顧客及一路追隨的粉絲,黃子維也開始注重自己與品牌的形象,也更清晰創業的目標。

憶及品牌剛面臨升級時期,其實黃子維也經歷一番折騰,他想讓更多人認識新韓式炸雞,並與一般傳統的鹹酥雞做出差異性,將品牌的價值再襯托出來,但另一方面卻也害怕新的品牌不被市場接受,進而損失原本的客源甚至員工,直到恩師向他指點迷津:「只要心態轉變就會成功,心態若不轉變就會在原地踏步,相信永遠比懷疑更接

近成功!」猶如醍醐灌頂點醒了身陷低潮的黃子維,也才讓他轉而更堅信自己的決定。

冒險不止步、挑戰不停歇!

新韓式炸雞的出現固然讓許多消費者感到疑惑,但黃子維欲好好傳達品牌價值與意義的決心仍屹立不搖,他很樂於接受消費者的意見回饋,並自我精進、改良缺失,顧客與家人的支持就是最大的成就感來源,黃子維說道,只要顧客臉上掛上幸福滿足的笑顏、或是一句簡單的「好吃!」,所有的辛苦也就值得了。

「創業就是要敢衝、敢賭、敢拼!」黃子維說道,樂於冒險、勇於挑戰的他創業版圖不僅止於此,未來他依然會持續在餐飲業深耕,更規劃三年後再創第三個品牌,不論是鍋物、燒烤類或快炒店,都希望能夠與自己最愛的韓風結合,讓更多人品嘗到台式與韓式結合那迷人且獨到的風味。

#B 韓金量新韓式炸雞總部
商業模式圖 BMC

重要合作

- 雞農
- 原物料商
- foodpanda
- Uber Eats

關鍵服務

- 韓金雞翅、炸雞
- 韓金炸年糕、醃蘿蔔
- 韓金量腿排
- 韓金脆脆薯、甜不辣
- 韓金套圈圈
- 泡菜起司金腿排
- 泡菜地瓜薯條

核心資源

- 獨特醬汁、調味粉
- 合格食品檢驗
- 創業團隊教學

價值主張

- 打破傳統的韓式炸雞模式，順應潮流，定義韓式炸雞新模式。堅持新鮮、現炸的基本產品和新上次升級，韓式炸雞賦予麵食新力量。

顧客關係

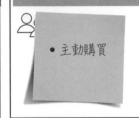

- 主動購買

渠道通路

- Facebook
- 官方網站
- 媒體報導
- 部落客分享

客戶群體

- 饕客
- 觀光客
- 學生族
- 上班族
- 宵夜族
- 愛吃炸雞者
- 追隨韓流者

成本結構

原物料、包材成本、人事成本、營運成本、行銷成本

收益來源

產品賣出收益、加盟金

#C | 創業筆記 ✎

- 相信永遠比懷疑更接近成功！

- 創業就是要敢衝、敢賭、敢拼！

- _____

- _____

- _____

- _____

- _____

- _____

- _____

- _____

#D | 影音專訪 LIVE

韓金量新韓式炸雞總部

LIVE

0975-673-092

https://www.hjl.com.tw/

台中市北區三民路三段 164 巷口 (中友百貨星巴克正對面)

泰串

「泰」會了吧？藏於巷弄間的餐車燒烤

李其，泰串創辦人。李其的母親是泰國人，因此自小她便長期受泰式文化薰陶，長大後的她仍獨鍾泰國食物具有的文化風情，擁有餐飲底子的她決定從餐車出發，販賣泰式燒烤讓更多人了解泰國的美好。

1. 泰式打拋豬宣傳照
2. 泰串工作照
3. 小家庭到府烤肉包車活動
4. 參加廟會慶典烤肉包車活動

站不到膳食台的女孩

年幼的李其生活中最期待的便是晚餐時段，泰國出生的母親總會端出許多道地的異國料理，舉凡綠咖哩、打拋豬、芒果糯米飯、香蕉煎餅…皆難不倒母親，每每看著母親從略顯壅塞的廚房裡烹飪出一道道美味的佳餚，李其總是大嘆不可思議。她的童年歡快地在泰國料理中渡過，而這也在她心裡埋下一顆小小的種子：希望自己有一天也能夠像母親一樣燒得一手好菜。

進入求學階段的李其進入餐飲相關科系，由於家裡環境並不是特別優渥，李其在外半工半讀以維持家計。李其當時選擇進入餐廳打工，一

方面是自身興趣；另一方面則是能夠磨練專業。然而，事情卻沒有李其想得順利，主廚對於身為女性的她總是不屑一顧，李其每每總是堅持地表態自己想要在廚房學習，無奈之下主廚也只好把她留下，但李其依然只是被指派到洗碗、打掃這些跟烹飪沒相干的粗活，膳食台明明只有幾步之遙，重重挫敗下換成一般人早就放棄，但李其內心是名堅強的女性，即便只能做些簡單工作，她仍會時不時觀察廚師們的習慣，工作時豎起耳朵聆聽師傅們的對話，並將所學筆記下來，幾年的磨練後，實際操刀以自己的方式精進廚藝，很快地高中、大學過去，此時的李其已是身懷七年餐飲經歷的能手。

魚露、檸檬、辣椒的輝煌國度

畢業後的李其先是去澳洲打工度假了一陣子，存了筆錢後李其飛往泰國，本想是一解鄉愁，沒想到卻意外開啟了創業之路。

抵達泰國後的李其寄宿在阿姨家，阿姨於當地開了間泰式燒烤店，興趣使然李其不吝討教，滿是好奇地詢問阿姨料理事宜，親切的阿姨見狀自是十分欣喜，她毫不藏私地傾囊相授，短短半個月內，李其便習得道地泰式醬料的調配方式以及專業燒烤技巧。接觸過程中，李其深度了解泰式食物的魔力，她開始興起想讓更多人了解泰國食物的念頭，李其想起帳戶裡辛苦

1. logo 與餐點照
2. 產品照
3. 承接第一場烤肉包車活動
4. 泰式炒麵加烤肉餐點照
5. 參加外燴到府活動
6. logo 與餐點美食照

賺來的那桶金，一番深思後，她心想：「用這筆錢的時候到了！」

移動的餐車人生

回台後李其開始籌備相關事宜，由於資本額仍略嫌不足，她選擇以餐車代替實體店鋪，李其表示以餐車的模式銷售有許多優勢，第一能夠不設限於定點，透過移動來觸及消費客群，同時也能保有消費新鮮感，第二則是省下店面成本，房價高漲的時代寸土寸金，若是還得額外花費租金成本將會相當吃力。

對泰式食物相當有自信的她選擇串烤作為主要商品，小巧、方便帶著吃的食物也很貼合台灣本地飲食習慣，李其抱著歡快的心情正式開張，然而殘酷的現況是：「大家並不是很喜歡她賣的食物。」道地的泰式口味主張極度酸、辣，大部分台灣人並不習慣如此重口味的飲食，為此李其大受打擊，但很快地她便調整心態並接受飲食差異的事實，因此她積極改良，將酸、辣兩者材料分開，同時簡化醬料成分，改使用純香料，整體較為清爽、健康；皇天不負苦心人，在李其的努力下，漸漸有許多客人找上泰串並紛紛誇讚李其的料理手藝，泰串生意也蒸蒸日上，成為知名餐車攤販。

家人和客戶是最大的支柱

李其提及一路走來最感謝的便是執行長，他總是在一旁溫情鼓勵李其，像是心靈導師在李其無助的時候為她指點迷津，除了精神上的幫助，也是在工作上默契十足的好夥伴，還要感謝的是亦師亦友的采諭姐姐，她亦是泰串事業的一大推手，原本是泰串忠實顧客的采諭姐姐，時常給予李其鼓勵和建議，得知李其的姐姐是護理師因為常常值大夜班，深夜時段食物取得並不容易，因此她向李其提議研發真空料理包供予像她一般深受其擾的族群使用，沒想到此舉竟意外大受好評，泰串企業營業額也達到新一波巔峰，李其看著這一切，心中只有感謝以及不負眾托的責任心，未來她計畫再開一輛餐車，擴大事業體，同時增加真空料理包的口味品項，一步一腳印地帶領泰串成長、壯大。

#B 泰串

商業模式圖 BMC

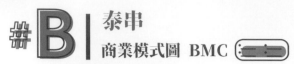

重要合作

- 肉商
- 香料商

關鍵服務

- 串燒販售
- 真空包販售

核心資源

- 永不放棄
- 高度機能性
- 多年餐飲背景
- 快速決策調整

價值主張

- 選用新鮮溫體肉品，堅持當天製作餐點，提供顧客最天然、鮮美的食物。

顧客關係

- 客戶自找上門
- 雙邊信賴
- 重視回饋

渠道通路

- 餐車
- Facebook
- Instagram

客戶群體

- 異國料理愛好者
- 部落客
- 網紅
- 夜班人士
- 學生族群
- 吃貨

成本結構

材料進口、餐車維護、燃料費、人事成本

收益來源

串燒、真空包收益

#C | 創業筆記 ✍

- 天助自助者，別輕易放棄一切。

- 對於困境勇於突破，嘗試所有可能性。

- _____

- _____

- _____

- _____

- _____

- _____

- _____

#D | 影音專訪 LIVE

泰串

0983-199-366

fb.com/ThaiBBQ8/

設點不固定依粉專公告當天設點位置

甜野新星

甜點界的新星，健康零負擔深得您心！

李政諭與 Lily，倆人在澳洲打工遊學期間為一解鄉愁而研究起銅鑼燒的做法，沒想到獲得身邊朋友的讚許，回台後兩人創立了「甜野新星」想將這份吃到甜點的幸福感傳遞出去，並透過改良研發出獨樹一幟的生酮甜點，希望打造天然、健康、無負擔的大眾甜點品牌。

招牌銅鑼燒系列

異鄉覓得夢想的源頭

李政諭與 Lily 倆人皆畢業於電子工程學系，原以為會有前程似錦的光明未來，但踏入職場的兩三年裡卻愈來愈覺得這並不是原先喜歡的方向，日漸失去熱忱的兩人決定暫時放下工作、飛往澳洲打工遊學，來一趟找尋自我之旅。

天資聰穎的 Lily 對於甜點有與生俱來的天份，在澳洲的日子裡，倆人每天早起到農場務農，而下午便是 Lily 一展長才的時機了，為一解鄉愁、也為方便攜帶，Lily 研究起銅鑼燒的做法想與身邊朋友分享，沒想到得到許多讚許的正面反饋，看到大家吃完甜點後露出幸福及滿足的笑顏，李政諭與 Lily 也確認了自己的心意，他們決定回台後

也要繼續做為他人帶來幸福的事，於是便創立了「甜野新星」。

大改甜點作法，生酮飲食者也能安心食用

甜野新星以銅鑼燒為主打，並延伸出十多種的口味為系列，也有客製化蛋糕、婚禮小物、喜餅等的產品，一開始甜野新星與其他甜點店並無不同，隨著日子一久，李政諭卻因而有了甜密卻負擔的職業傷害，喜歡吃甜點的他在不知不覺中體重大幅上升、連帶身體也出了問題，為了找回健康他開始改變生活習慣，進行低糖、低碳水化合物的生酮飲食，但身為甜點師卻不能吃甜點對李政諭而言很是折磨，他思考著：「為什麼不做生

酮飲食者也能吃的甜點呢？」於是李政諭與 Lily 便轉而研發「生酮甜點」，將全數產品改為無糖、無麩質，不變的美味口感，更增添了健康及天然元素。

「嚴選食材、用心製作」是甜野新星的核心理念，對於自家的原物料李政諭與 Lily 有四大堅持：

（一）、堅持新鮮水果：選用大湖草莓、進口藍莓、產地直送檸檬，確保每口都是新鮮的口感。

（二）、特選天然食材：雞蛋每日新鮮配送，並使用香味十足、口感綿密的萬丹紅豆，嚴選無糖可可粉調製成巧克力。

（三）、法國進口天然鮮奶油：口感香醇、組織滑順細緻，吃得到濃郁奶香。

（四）、取代精緻澱粉、精製糖：使用美國杏仁粉及非基改黃豆粉取代傳統麵粉做蛋糕基底烘焙。

李政諭與 Lily 也發現到將研發重心轉為生酮甜點後不僅適合飲食控制者食用，對於糖過敏、麩質過敏、糖尿病及癲癇症患者都可適用，反而擴增了客源也找到專屬的獨特性。

不僅撫慰人心，甜點的力量不容小覷

然而製作健康又不失美味的甜點並不如想像中簡單，原本使用的材料幾乎都要更動，若是用原本的比例製作所呈現的風味會截然不同，所以光是在粉類的調整上就做了無數遍的測試，李政諭與 Lily 選用美國杏仁粉跟非基改黃豆粉取代傳統麵粉，但麵粉依然有許多特性無法被取代，因此做出來的糕體會較有顆粒感；另外倆人以赤藻糖醇代替原本的精緻糖，由於人體沒有分解糖醇的酶，因此會直接被吸收到血液中、再從尿液排出，如此就不會使血糖及膽固醇升高，但赤藻糖醇雖然有甜味卻沒有糖的特性，不像糖可以增加蛋液的穩定性，也很難達到綿密稠厚的效果，使得蛋糕容易塌陷且粗孔；種種的技術問題，李政諭與 Lily 花了足足一年多的時間才得以成功維持甜點的味道及口感。

在成功之前所累積的失敗品絕對不在少數，但李政諭與 Lily 提及曾遇到一位五歲的孩子興奮地前來櫃位選蛋糕，原來這個孩子患有先天性癲癇，一直以來都以生酮飲食控制，這是他第一次可以選擇蛋糕吃，母親的話語中挾帶著愧疚及慰藉，李政諭與 Lily 被這對母子震懾到，他倆才體認到原來他們不只是做甜點，更是透過甜點撫慰人心進而為大家帶來快樂，使吃到的人得到安慰與救贖，這麼強烈而感動的反饋是倆人始料未及的，也是他們堅決繼續向前邁進的動力。

想到健康甜點、就會想到甜野新星

「當你想要服務所有人的時候，會很累很辛苦且不會有成果」李政諭說道，儘管會有不同的聲音與評價，但他堅信這條路是對的，他也相信一路支持到現在的顧客才是最適合的，一路走來他的目標始終很清晰——就是想讓更多人吃到天然、健康又低負擔的甜點。

未來甜野新星計畫將品牌打入月子中心、長照機構或幼稚園等的市場，滿足這些喜歡甜點卻無法隨心所欲吃的族群，避免一般認為小孩吃攝取過多糖分會有 sugar high 的問題，也能解決血糖高或患有糖尿病之長者的口腹之慾；李政諭與 Lily 希望未來能延伸打造一個健康飲食的品牌，囊括飲料、餐點等營造健康低負擔的飲食環境，進而帶給大家健康的觀念，教導大眾如何吃、如何做才是有益身體，讓甜野新星成為健康甜點的代名詞。

1. 甜野新星店面
2. 店內甜點
3. 甜野新星櫃位
4. 甜點禮盒
5. 甜野新星接受採訪

#B 甜野新星
商業模式圖 BMC

重要合作

- 蛋商
- 果農
- 原料商
- 蝦皮商城
- Pinkoi
- Uber eats

關鍵服務

- 禮盒、薄餅
- 生乳捲、菓子燒
- 杯子、千層蛋糕
- 馬芬、夾心蛋糕
- 草莓盒子、檸檬塔
- 提拉米蘇、烤布蕾

核心資源

- 生酮甜點系列
- 各式甜點製作
- 法國進口天然鮮奶油
- 非基改黃豆粉

價值主張

- 經過多次改良及試驗，終於做出屬於自己的家鄉位，讓同在國外的朋友們一解思鄉之情。甜野新星堅持嚴選食材、用心製作，將吃甜點的幸福感傳遞出去。

顧客關係

- 主動購買
- 個人協助

渠道通路

- 實體店面
- 官方網站
- Facebook、Instagram
- 外送平台、餐車
- 購物平台

客戶群體

- 生酮飲食者
- 糖尿病患者
- 癲癇患者
- 糖過敏者
- 麩質過敏
- 需控制飲食者
- 長者
- 需控制血糖者

成本結構

原物料、包材成本、店面租金、
行銷成本、人事成本

收益來源

產品售出收益

TIP1：雖然無法服務所有的顧客，但終會有適合的客源。

TIP2：儘管會有不同的聲音與評價，要相信自己所選擇的路才可以一直走下去。

#C｜創業筆記 ✎

成立時間：2014/11/24
團隊人數：10

Q 主力產品的重點里程碑是什麼？

A 甜野新星創立於 2014 年，一開始是做一般甜點 2017 年開始研發無糖無麩質甜點 2018 年全品項轉換成無糖無麩質甜點 2020 年陸續研發出更適合健身的高蛋白甜點。

Q 公司目前如何行銷自家產品或服務？
如果還沒開始，有什麼行銷計畫？

A 甜野新星主要的商品是無糖無麩質甜點，因爲商品獨特 會讓人有種有特殊需求才能吃的感覺。 目前行銷的方向是將甜野新星打造成健康低負擔甜點代表，讓任何人想吃甜點都想到甜野新星，進一步推廣健康的理念。

Q 公司擁有哪些關鍵智財？
（例如：專利、 申請中專利、著作權、商業機密、商標、網域名稱等等）

A 目前甜野新星擁有註冊商標、網域，目前正在規劃將配方申請專利。

Q 未來有什麼必須的增資計畫？

A 現階段針對生產管理、品牌視覺設計、產品包裝、網站都需要再更進一步優化，針對各項需要優化的部分會在籌措資金。

#D｜影音專訪 LIVE 🎥

甜野新星

02-2764-8893

https://www.pikapikadessert.com/

台北市信義區忠孝東路四段 553 巷 22 弄 13 號

AirKiss

喝一口就怦然心動、每一口都嚐的到甜蜜回韻！

賴彥群，AirKiss 的總經理。勇於踏出舒適圈轉往餐飲業，在嚴峻的疫情期間毅然決然創立顛覆手搖引的創新品牌，秉持著「極致呵護女性，好好寵愛女性！」的核心理念，趁這個時期增強底蘊、醞釀品牌效應，盼能在疫情趨緩後走出台灣、站上國際舞台。

曾菀婷，AirKiss 的共同創辦人

不畏景氣低迷、夢想打造餐飲王國

滿腔熱血的賴總原是餐飲業的門外漢，熱愛美食與本土文化的他心中一直有著創業的藍圖，他想創立一個充滿溫度與人情味的餐飲王國，於是毅然決然捨棄舊業轉往餐飲業，創立了「朕食餐飲集團」，儘管經濟不景氣，他仍在短短兩年間、先後創立火鍋與日式黑咖哩的品牌，並密集地擴展四間店面；然而突如其來的新冠疫情，讓首當其衝的餐飲業遭受不小的衝擊，不過賴總不因此打退堂鼓，他反而逆流而上，趁著這波疫情成立了第三個品牌——「AirKiss」。

AirKiss 是以女性為主軸的品牌，「極致呵護女性，好好寵愛女性」為其核心理念，賴總將 AirKiss 定位在飲料界的精品，希望消費者看到產品也可以認定為高級飲品，既然是以女性為出發點，賴總便索性將女性保養、養顏美容的原料導入飲品，他直觀地想到冰糖燕窩，並直接找上了知名領導品牌「白蘭氏」洽談合作，正好「白蘭氏」也在規劃異業合作，兩方便攜手合作推出冰糖燕窩系列茶飲——黃金冰糖燕窩、天使冰糖燕窩、初吻冰糖燕窩、檸檬冰糖燕窩——無負擔、老少咸宜的養生極品不僅是 AirKiss 的招牌首選，也是全台唯一的系列。

針對女性、極致呵護的品牌

而 AirKiss 最廣為人知的就是其著名的共同創辦人：戲劇女神——曾菀婷，賴總提及，其實兩人過去就曾有過一面之緣，然而在創立品牌初期即有個品牌形象的雛型設定，他想為品牌尋覓一個亮眼、時尚、女神感的代言人，腦海中自然而然地浮現曾菀婷的模樣、也正與品牌形象如出一轍，原本團隊想洽談代言一事卻多次碰壁，賴總便親自向本人邀約、並闡述品牌欲傳達的理念，加上同年齡的兩人一見如故、有許多相同的話題，有了女神的加持與推薦大幅提升品牌的好感度與知名度，且白蘭氏與曾菀婷兩個形象的結合正好呼應了「針對女性、極致呵護」的品牌價值，推出就有不同凡響的銷售成績。

賴總說道，AirKiss 是一間「心情不好時，來點

1. 充滿少女感的粉色沙發是網美打卡的熱門聖地
2. 曾菀婷出席 AirKiss 的相關活動
3. 華麗的裝潢風格猶如高級精品店
4. 鏡面上的情話增添浪漫氛圍，玻璃瓶裝的冰糖燕窩系列外觀華麗、很有質感
5. 時尚的裝潢風格散發著典雅的氣息

一杯飲料就能變開心」的飲料店，整個氛圍呈現舒服又令人感到愉悅，他相信「人都喜歡美的事物」，因此極力打造提供女性便利且可以充滿自信、美美地走進消費的空間，店面裝潢以白色大理石為基底、搭配多面閃耀金邊的鏡子及充滿少女感的粉色沙發，營造時尚的風格並散發著典雅的氣息，鏡面上還寫著許多「撩妹」情話更增添了浪漫的氛圍，也深得女性顧客的心；華麗的裝潢風格猶如高級精品店，也被媒體稱為「飲料界的愛馬仕」。

「堅持讓消費者喝得安心」是品牌秉持的信念，作為一個顛覆手搖飲界的新創品牌，賴總不惜砸下重本，選用無轉化劑的蔗糖與最高等級的冰糖，賴總強調，冰糖純度高、大多用於高級補品，奶蓋系列則選用米其林餐廳等級的艾許鮮奶油，而招牌的冰糖燕窩系列雖然單價稍高，但原料扎實可以嘗到燕窩的立體口感，還搭配外觀精緻、高質感的玻璃瓶，物超所值、每每推出便銷售一空，不僅研發獨樹一幟的產品內容、更鞏固產品品質，也是擄獲許多廠商青睞的一大關鍵。

步伐快、成長快，趁年輕不該怕吃苦！

然而在疫情期間成立新品牌著實不易，賴總說到：「困難與挫折是在創業過程中永遠少不了的！」，可得的資源或政府的協助方案並不見得能及時救急，為求資源也吃過無數次閉門羹，但經營手搖飲店一直是賴總想嘗試的領域，秉持著信念、說什麼也要創立品牌，因為他深信「只要理念正確，最終會達到目標」。

闖蕩創業不過兩年時間，賴總已經成立了第三個品牌，他坦言最擔憂的還是年輕的團隊夥伴能否跟上自己的腳步，因此他時常與團隊做心理建設，賴總說到：「給予何種目標與方向讓員工們願意且認為值得追隨，是最重要的。」他相信在他的帶領下團隊會以飛快的速度成長，不只是固定領薪水的下屬，而是彼此有共同願景、願意攜手達成的夥伴。

盡心盡力灌溉品牌，培育人才、躋身國際

如今，AirKiss 除了新竹與竹北、亦在台北成立旗艦店，更規畫陸續展店至台中、高雄等城市，期待疫情後能效法國外，舉辦台灣首次的國際接吻節，傳遞情感的溫度以及正面能量。

餐飲業是片大紅海，全台的手搖飲多達近兩萬家，不少實力堅強的店都埋沒在這龍爭虎鬥的市場裡，因此賴總積極在連鎖加盟說明會及加盟展上曝光品牌並找尋加盟夥伴，希望培育更多的人才投入這此品牌，讓品牌走得久遠，「品牌的堅定永續就如同養育孩子一般，需要不斷地灌溉使其慢慢茁壯。」他說道，帶著 AirKiss 躍身國際舞台是他最想做的事，也是他終其一生致力的目標。

#B | AirKiss
商業模式圖 BMC

重要合作

- Uber Eats
- foodpanda
- 白蘭氏
- 原物料商
- 茶葉商

關鍵服務

- 單品茶系列
- 紅脣茶
- 白蘭氏冰糖燕窩系列
- 啵起乃系列
- 黑棒棒鮮奶茶
- KISS 系列

核心資源

- 每月 14 號做新活動的曝光
- 不定期推出優惠券
- 網美拍照打卡區
- 冰糖白金珍珠
- 精緻包裝

價值主張

- AirKiss 是打造對女性極致呵護的手搖飲品牌，還記得跟喜歡的人曖昧、和另一半第一次約會、談戀愛時的心動嗎？AirKiss 的創立理念圍繞「Peace、Love、Fashion」也就是愉悅、美好、時尚三件事情。

顧客關係

- 主動購買
- 共同協助

渠道通路

- 實體店點
- Facebook、Instagram
- Line@、點餐 app
- 媒體新聞報導
- 部落格

客戶群體

- 網美
- 來朝聖者
- 愛喝飲料者

成本結構

原物料成本、人事成本、營運成本

收益來源

產品賣出收益

TIP1：困難與挫折是在創業過程中永遠少不了的！

TIP2：品牌的堅定永續就如同養育孩子一般，需要不斷地灌溉使其慢慢茁壯。

#C | 創業筆記

成立時間：2018/11/11
團隊人數：50

Q 主力產品的重點里程碑是什麼？

A 結合白蘭氏創造出台灣最高貴手搖飲。

Q 公司目前如何行銷自家產品或服務？
如果還沒開始，有什麼行銷計畫？

A 以飛吻的出發點，創造出不一樣的手搖飲。 推廣國際接吻節在台灣的發啟，期待疫情結束脫去口罩，傳遞的溫度與熱情，愛與和平。

Q 合作對象的選擇和注意點？

A 多方面異業結盟，讓餐飲不再侷限於餐飲市場。

Q 目前該服務的獲利模式為何？

A 做到食材人力成本的精準控管，創造出合理的連鎖加盟模式。

#D | 影音專訪 LIVE

AirKiss

（文興店）03-5500-099　　fb.com/airkiss628
（文興店）新竹縣竹北市文興路二段 96 號
（光復店）03-6668-822
（光復店）新竹市東區光復路一段 360-18 號
（通化店）02-2784-5260
（通化店）臺北市大安區通化街 21 號

#A

7號森林設計工作室

「呆丸郎」的麻將，國粹與國球的美好結合

李繼仁，7號森林設計工作室的負責人，原在報社體育版擔任記者及編輯，因為工作而愛上看棒球賽，本身就愛打麻將也喜歡設計的他突發奇想將自己所愛的三個領域連結創業，渴望就此將國粹及國球結合文創並推向國際舞台、行銷台灣。

台灣麻將

開啟事業第二春，踏上創業之旅

待人厚道且溫和的李繼仁，人人都稱他為大仁哥，原在報社擔任記者及編輯已十餘載，因工作的關係進而喜歡上看棒球賽，除了看球賽，麻將亦是他閒暇時的嗜好之一，他發現到麻將的文化發展已久，但一般市面上的麻將牌面幾乎都大同小異，且幾十年來不曾變換過，他思考著，是否能讓麻將有多一點內容跟形式上的變化，於是他突發奇想，或許能將所愛的麻將及棒球結合設計，加上近年來文化創意產業的興起，大仁哥對於創業的意欲也油然而生，他想創立一間公司專做麻將設計，這既是他的興趣、亦是他的專長，

大仁哥也就這樣一腳踏上創業的旅程。

大仁哥找來同樣喜歡麻將及棒球的好友一同創業，他倆承租一棟透天厝當辦公室與倉庫，並以兩人的姓氏將公司命名為「李孫文創」，倆人推出的第一個產品──棒球麻將，以棒球為發想，將棒球的元素與麻將結合，像是筒子即可用棒球表示、索子便可用球棒表示、萬子可以用局數表示、本壘板則可用來代替白板，如此一來，讓麻將結合了其他生活元素，不僅值得收藏、打起麻將來也更有樂趣。果不其然，新鮮的組合隨即吸引了諸多棒球迷及麻將迷購買，產品一放上網路便在毫無廣告行銷的狀態下被一掃而空，也讓大仁哥信心大增。

乘勝追擊，再次推出產品反應熱烈

棒球麻將的熱銷讓大仁哥下定決心專職做麻將設計，並在因緣際會下轉而成立個人工作室，正好新的工作室對面便是一座小山，放眼望去彷彿一座小森林，新的工作室便命名為「7號森林」，以此作為事業體的新開端，以文創麻將設計為主軸，目標也更為清晰。

大仁哥接著推出第二款新產品──台灣麻將，融合各種台灣的元素在麻將裡，像是筒子由鳳梨、芒果、釋迦各式水果組成，也呼應了台灣「水果王國」的美名，條子的一鳥由台灣藍鵲為代表，二至九條則是改為甘蔗，東南西北風則分別以台

1. 台灣麻將造型吊飾　　2. 棒球麻將與周邊商品
3. 台灣麻將搭配牌尺　　4. 麻將收藏盒
5. 員工活動

澎金馬代表，連同台北 101、珍珠奶茶、藍白拖鞋、機車、女王頭、台灣黑熊、拼板舟等圖示都放進了麻將裡，將日常元素、自然景點、著名建築、廟宇文化及原住民風情等的台灣標誌皆搬上麻將桌；台灣麻將推出後很快地就在募資平台上售罄，反應火燙，許多人在詢問何時會再出貨，也成功地改變大眾對麻將的既定印象，讓麻將不僅僅是休閒樂趣，還可以送禮及收藏，更增添了一層寓意。

中年創業前途茫茫，挑戰接踵而來

從事麻將設計以來並非一路順遂，大仁哥提及，當初決定要創業時有人覺得太過冒險想勸退他，家人也反對他捨棄報社穩定高薪的工作，但也有人讚許他勇氣可嘉，身邊正反兩面的聲音讓大仁哥夾在中間很是為難，「既然要創業就要冒險，再不冒險就沒機會了！」他說道，經過一番天人交戰才終於踏出舒適圈。

大仁哥直言，他認為自己已屆中年創業，許多政府資源及貸款幫助都有年齡限制或學生限定，加上台灣的麻將工廠大多外移到中國，7 號森林主題式的麻將屬於客製化設計、限量出貨，且使用雷射雕刻的特殊牌面大幅增加設計成本，大部分的工廠都嫌麻煩不願意合作，願意接訂單的工廠少之又少，尋覓資源成了創業的一大挑戰。

麻將設計看似簡單，但其實從設計、打樣、修改到進入生產流程，來來回回至少也要一年，創業後的大仁哥從業務、行銷、找人設計、找工廠資源、找通路等一切繁縟事務都要自己從頭學起，加上品牌甫建立尚未有知名度，僅能靠棒球迷及舊顧客口耳相傳做口碑行銷。始料未及的挫折接連而來讓大仁哥一度覺得前途渺茫，但他認為文創產業雖然興盛但汰換率也快速，他的文創麻將設計屬於寡占市場，前景依然一片精彩，且能集結興趣與專長於一身已經可以稱得上是幸運了。

佳評如潮，推向國際

目前 7 號森林仍然處於草創期，公司只有大仁哥一人及兩三位兼職人員，常常忙到不可開交的他計畫優化流程並再遴選人員進來團隊，將公司的制度及商業模式建立健全，也讓自己可以將更多的心思放在設計上。

大仁哥提及，曾有一位女士向他表示不知道該送什麼禮物給丈夫，正好丈夫是個棒球迷，於是她最後選定了棒球麻將，雖然丈夫不會打麻將但依然很感謝有這項產品可以收藏，諸如此類的反饋愈來愈多，甚至還有日本的商社來電希望能引進台灣麻將到日本販售，對於這番成就大仁哥的感動之情溢於言表，對他來說，麻將彷彿被賦予了另一種生命，也讓他立下了將麻將設計推向國際舞台的宏遠目標。

文創產業的層面太廣，除了要找到自身的興趣及專長以外，還有充實自己、累積對產業流程的了解，有了全盤的理解才能打好基礎的底子，打麻將的人口眾多，生產麻將的廠牌也不少，就如同大仁哥一樣懂得另闢蹊徑，尋找市面上尚未開發的產品，找到利基市場，一定就能吸引到同道中人前來支持。

#B | 7 號森林設計工作室
商業模式圖 BMC

 重要合作

- 蝦皮
- 噴噴
- Pinkoi
- Youtuber
- 台大音樂節
- 壹拾壹體育網

 關鍵服務

- 棒球麻將
- 創意麻將
- 麻將配件產品

 核心資源

- 麻將設計
- 麻將販售

 價值主張

- 精心設計開發獨具特色的麻將文創產品，由棒球麻將起步，揮出亮眼第一棒，希望帶給消費者另一種打麻將的視覺享受與摸牌樂趣。

顧客關係

- 主動購買

渠道通路

- Facebook
- Instagram
- 官方網站
- 募資平台
- 購物網站
- 媒體新聞報導

客戶群體

- 棒球迷
- 麻將迷
- 收藏家

成本結構

人事成本、生產成本、行銷成本、印刷成本

收益來源

產品售出收益

#C | 創業筆記 ✑

- 既然要創業就要冒險, 再不冒險就沒機會了!

- 懂得另闢蹊徑, 尋找市面上尚未開發的產品, 找到利基市場。

- _____

- _____

- _____

- _____

- _____

- _____

- _____

#D | 影音專訪 LIVE 🎥

一點零一設計 1.01Design

紀錄你的夢想，乘載著目標藍圖的筆記本

1.01 DESIGN

吳亮均（Megan），1.01Design 的創辦人。身為剛踏出校園的社會新鮮人，在探索未來方向的過程裡她希望把自己的目標及想法記錄下來，便索性設計了獨家的筆記本，結合時下最流行的子彈筆記與番茄工作法，希望幫助跟她一樣想克服拖延、時間管理並掌握人生的族群。

2020 推出的 DOER 行動家手帳

啟發於 1.01 法則，希望自己每天都進步 1%

剛成為社會新鮮人的 Megan 面對未來仍然茫然未知，窩在家待業的她每天都感到無所適從，回想起求學路上總是在讀書與考試中輪迴，真正畢業脫離學校後竟然不知道該何去何從，面對如此窘境她的心情很是低落及焦慮，悵然之際 Megan 開始上網觀看教人如何成長、達成目標等的正向影片，她想將心得及想法寫下來以便隨時翻閱，正當苦於找不到中意的那款筆記本時，她思考著：「如果我有這項需求，會不會有人也跟我有一樣的想法呢？」，於是她靈光一閃索性設計了自己專屬的筆記本——「DOER 行動家手帳」，並自

然而然成立了「1.01Design」。

1.01Design 源自於「1.01 法則」 —— 1.01 的 365 次方約是 37，而 0.99 的 365 次方是 0.03 ——，這意味著「每天只要進步 1％，一年後將會比原本的自己還要強大 37 倍；反之，若每天退步一點點，一年後將連原本的實力都失去，甚至被遠遠地拋在後面」Megan 以此告誡自己「每天都要比昨天進步一點點」，並在 logo 的設計上特別將 0 與懷錶做結合，強調「時間」與「效率」，她創立 1.01Design 的初衷很純粹，不需要給自己太大的壓力但希望每天都能精進自己一點、每天做些微小的改變，她相信每天進步一點，日積月累下也是很大幅度的茁壯，最終一

定可以克服拖延症、順利達成目標，也才能真正掌握生活、不被生活控制。

一本幫你克服拖延、養成習慣的筆記本

推出 DOER 行動家手帳後，1.01Design 很快地順勢推出第二款筆記本——「原子手帳」，第一款 DOER 行動家手結合了「子彈筆記術」與「番茄工作法」，而第二款原子手帳則是使用了「原子習慣」一書的觀念設計而成的。身處疫情時期，遠距工作成為現在的辦公趨勢，然而遠距工作十分考驗個人的自制力及時間管理能力，一旦離開了辦公室就容易因為惰性而拖延，也因應此種風氣讓子彈筆記術與番茄工作法崛起；子彈筆記就

1. 2020 的 DOER 行動家手帳募資頁面　　2. 2021 的原子手帳募資頁面
3. 2021 推出體驗版的 DOER 行動家手帳　　4. 1.01Design 的原子手帳
5. 原子手帳款式：太妃蘋果、墨藍、柳竹綠

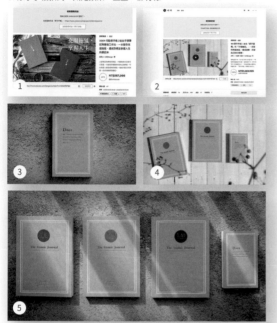

是一種主打「回顧過往、整理現在、計畫未來」簡潔且高效率的紀錄方式。

番茄工作法則是指將任務以 25 分鐘劃分為一個單位，利用這時間專注完成，每過一個 25 分鐘可休息 5 分鐘、再進入下一個 25 分鐘，如此一來可以有效估算下次完成特定任務所耗費的時間及心力，也提高工作效率。原子習慣一書主要在幫助別人利用微小習慣，達到大大的改變自己並打造理想的人生。就跟原子習慣一書一樣，1.01Design 每天進步 1% 的核心概念也是希望大家可以每天一點點的累積改造自己。

起初，Megan 設計筆記本僅是為了方便自己記事，但也在設計的過程上發現很多人都曾在網路上看到畫得很美的手帳，可是卻不知道從何下手，於是她以自己為出發點，設計好表格讓使用者可以隨時開始，當在開始一個長時間的任務時，也能因為把長時間任務拆解成小步驟，不會因為對長時間工作的預期心理而拖延；使用者每天結束前可以回頭審視時間是否被有效利用，在每次行動前設定習慣、執行、回顧、檢討再調整，最後再重新設定下周不同的目標與計畫，是一款能養成自省及自律習慣的筆記本。

縱然與人相處很難，但從設計中找回自信

「與人溝通是我覺得最困難的地方」Megan 說道，推出 DOER 行動家手帳時，她選擇與海外的印刷廠商合作，筆記本卻因為廠商沒有做好防護在運送過程中撞壞了近百本，但款項已先預付了一半、也無法將貨再寄回，Megan 只好默默吃悶虧，吃下撞壞筆記本的成本。因此推出第二款原子手帳時，她特地選擇國內傳統的大型印刷廠，卻又因為與廠商的做事思維不同，因此延宕了筆記本上架募資平台的時間，Megan 一方面要與廠商聯繫、一方面又擔心會因為拖延產品上線時間而造成顧客不滿，壓力也隨之而來。

Megan 不諱言自己是個缺乏自信的人，為一改自己柔弱的性格，Megan 積極在社群軟體上發文、分享文章與紛絲互動等，也盡量解答粉絲與顧客的各式疑問，藉此拉近彼此距離，慶幸的是 DOER 行動家手帳和原子手帳最終不僅募資金額成功達標，且筆記本也都成功送到了使用者手上。原子手帳甚至在 2021 年達到高達百萬的募資金額，Megan 也透過手帳跟粉絲有了各種交流，社群平台貼文下的留言愈來愈活躍，甚至有粉絲表示期待新的產品上架，「粉絲給的鼓勵很溫暖也很感動」Megan 說道，她臉上掛著一抹笑顏，當初嚷嚷著畢業不知道該做什麼的女孩，在此時總算找到了想做的事。

勇於表現、相信自己，一定會被看見

未來，Megan 仍然有層出不窮的想法等待兌現，她計畫每年再推出更新版的 DOER 行動家手帳及原子手帳，並再擴展產品，不僅止於筆記本或印刷品，只要是能讓人成長或克服拖延的周邊產品她都希望能夠產出，也希望能將觸角延伸至國外，將相似理念的產品代理回台灣販售。

「只是筆記本也會有人喜歡嗎？」在決定開始 1.01Design 後 Megan 聽到許多諸如此類的質疑，但她總是不以為意，也許是太過天真、也可以說她憑著一股傻勁，「如果連自己都很喜歡自己的產品，那一定也會有人跟你一樣喜歡」Megan 說道，她相信在這個資訊爆炸的時代，有許多平台都可以發表作品，只要你勇於展示、相信自己，一定會有人看上你的品牌，而那群人就會是你的忠實顧客。

#B | 一點零一設計 1.01Design

商業模式圖 BMC

重要合作
- 噴噴募資平台
- 蝦皮拍賣

關鍵服務
- DOER 行動家手帳
- 原子手帳

核心資源
- 設計師

價值主張
- 志在創造能提高生產力、幫助人進步的工具。希望使用者能因為使用產品而有所改變和成長。

顧客關係
- 主動購買

渠道通路
- Facebook
- Instagram
- 募資平台
- 購物平台

客戶群體
- 創作者
- 上班族
- 自由工作者
- 學生
- 有拖延症的人
- 想規劃生活的人
- 想培養習慣的人
- 想改變自己的人

成本結構
設計成本、行銷成本

收益來源
產品售出收益

TIP1：如果連自己都很喜歡自己的產品，那一定也會有人跟你一樣喜歡。

TIP2：只要你勇於展示、相信自己，一定會有人看上你的品牌。

#C | 創業筆記 ✎

成立時間：2021/04/21
團隊人數：1

Q 主力產品的重點里程碑是什麼？

A 原子手帳在嘖嘖達標超過百萬台幣。

Q 接下來會做什麼廣告？

A 以往廣告都著重在介紹產品本身，但是其實產品的誕生背後是有很多想法支持的。這些想法都是透過我平常自己實踐如何克服拖延、增加行動力而歸納出來的，希望能讓粉絲知道原子手帳某些頁面設計的背後原理。

Q 公司規模想擴大到什麼程度？

A 目前想專注把核心產品『原子手帳』設計到無懈可擊。每次募資結束後都會覺得有能改進的地方，我希望能把原子手帳雕琢到不再覺得哪裡不滿意。我最多再加一兩個能跟原子手帳搭配的產品，譬如幫助專注的手機鎖等等的。

#D | 影音專訪 LIVE 📹

#A

磐璽室內設計

只想給你最好的，從心出發的設計

張景瀚，磐璽室內設計總監。張景瀚出社會便一直從事設計相關產業，幾年後在一次友人的鼓勵下他決定自立門戶。外表看似溫和內斂的他講起話來卻是落落大方，講到自身品牌之際兩眼更是炯炯有神，如同其作品般帶給人活力充沛的印象。

身體力行，破釜沉舟

大學主修水地工程系的張景瀚對於畫圖相當有天賦，當同學絞盡腦汁構圖的時候，他總是早早完成作業靜靜看著他們，同時想著：原來對別人來說困難的事，對我來說是輕而易舉；如期畢業對張景瀚來說並不困難，然而他並不確定自己未來想做些什麼，他期許能找到一個具有未來性的產業，但又不喜歡純內勤、純外務的工作性質，為此張景瀚思索好長一段時間，終於立下明確方向——設計——。

然而絲毫無相關設計背景的張景瀚畢業後碰了好幾次壁，由於設計相關職位通常都會需求求職者提供作品集，毫無經驗的張景瀚只得從書上描繪圖形再加以改編，東湊西補的難產出勉強稱得上「作品集」的成品。但即便做了諸多努力，許多求職信仍石沉大海，幾十封的應徵只得到屈指可數的回覆，張景瀚難免氣餒，但他並不打算放棄，他選擇前去面試並向應徵的企業負責人們表示：

「我知道自己的設計功力還不成熟，但我很願意學習！」

興許是他滿溢而出的誠意打動企業主，張景瀚總算成功取得設計事務所的門票。非本科系出身的張景瀚對設計業十分陌生，為此經歷了為數不短的轉換陣痛期，需要學習的東西非常多，而除了繁瑣的事務本身，人際溝通也是張

景瀚的一大痛點；生性害羞的張景瀚其實並不善與人交際，但他知道自己必須克服這點，否則永遠也無法成為獨當一面的設計師，耗費許多心力與時間，張景瀚自一開始的扭扭捏捏漸漸培養出能與人談笑風生的開朗性格。

貴人提點意外開啟創業路

時光飛逝，成為設計人的生活來到了第六年，一次與友人的對談讓張景瀚開始萌生創業的想法。母校的教授找上張景瀚希望由他負責新屋設計，然而就任設計公司的張景瀚並沒有辦法隨意接案，教授聽及認真回覆：「我最近很多親朋好友也都買房有設計需求，我把他們轉介給你，你直接乾脆自己出來做怎麼樣？」張景

瀚於外頭工作這些年也不是沒有創業的念頭，教授這番話就像是一枚上油的軸心，迅速推動張景瀚的創業滾輪，他開始認真思索自立門戶的可行性，秉持著對設計的熱情加上受雇於人下的不自由，張景瀚決定走上創業。

放心把房子交給我

磐璽室內設計服務項目以房屋設計為主，受眾瞄準首購族與預售屋客群，目前也在推行老宅翻修、中古房改建等相關企劃。

張景瀚將企業名為「磐璽室內設計」，原因是張景瀚想創造值得信賴的品牌印象：

磐——巨大的石頭，象徵穩健、不易動搖；

璽——借代玉璽，表示慎重的承諾、負責，

兩者合而為一便是張景瀚自踏入設計界以來始終堅守的信條。

創業初期的張景瀚如同許多企業家般遇上資金困難，有時候是客戶不結尾款，有時候是廠商跑路，資金運轉不過來的窘境於一個新品牌來說無疑是份沉重的打擊，張景瀚也曾經擔憂過，但他選擇優化設計服務，更用心地對待每個人，他相信自己只是一時時運不濟，並非所有消費者都會惡意棄單；因此對待每個業主張景瀚總是在客戶預付訂金前便先行丈量，他相信顧客，也相信自己的設計成品；除此之外，張景瀚亦花費許多時間在了解客戶屬性上，他藉由觀察、溝通的互動過程深入客戶，挖掘甚

至業主本人亦尚未發覺的需求，對於設計，張景瀚堅持：「我要給屬於客戶的東西」，與其說張景瀚做得是裝潢、設計，不如說他是藉由提供另一種選擇昇華人們的生活體驗。

創業讓我成長

談及成就感，張景瀚表示除了來自業主，也有很大一部份來自於自身的轉變，生性含蓄的他透過創業變得能夠與陌生人侃侃而談也絲毫不退卻，所有的不自信、畏懦也在創建品牌的途中找到調適的管道，即便一路走來不盡美好，但他感謝畢業後的自己選擇設計、創業，未來他亦會持續精進，帶領磐璽室內設計成為更優秀的企業，於未來走向國際。

#B | 磐璽室內設計
商業模式圖 BMC

重要合作

- 材料商

關鍵服務

- 室內設計
- 老宅翻修
- 中古房改建
- 店鋪整修
- 飯店設計
- 廠房空間規劃

核心資源

- 技師公班
- 專業背景

價值主張

- 提供居者得到尊榮的服務，讓建築不只是蓋房子，讓回家也成為一種享受。

顧客關係

- 客戶自找上門

渠道通路

- 實體據點
- 社群平台

客戶群體

- 首次購屋族
- 小家庭
- 自有屋主
- 企業體
- 投資客

成本結構

材料進口、人事支出、營運成本、水電費用

收益來源

設計費用

#C 創業筆記 ✎

- 跨領域需耗費成本之大，做好承擔準備。

- 試想企業能提供給客戶何種價值，堅守捍衛。

- _____

- _____

- _____

- _____

- _____

- _____

- _____

- _____

#D 影音專訪 LIVE

煌鷹訓練中心

強調健身與養身並進，擅長筋骨疼痛調理、撥筋疏壓、運動傷害調理等的各種理療方式，及防身術、散打搏擊、格鬥運動、柔數、武術、一對一肌力與體能等的訓練課程，讓學員更了解自己身體的結構並提早預防身體的負擔與不適，並在日常生活中也養成穩定的習慣，導正因生活或工作而產生的姿勢不良，建立正確的預防醫學觀念。

北美旅行社

秉持著「關心、耐心、貼心、細心、愛心、同理心」的六「心」級服務，包辦所有攸關旅行的大小事，大至國內外旅遊、訂房、機票、包團旅遊、散客參團、護照簽證、外籍配偶來台探親、員工旅遊、自強活動等，小至網卡、旅平險、景點票券等，高效率及高專業度為顧客省時又省錢，履行「將旅遊的幸福感注入每個家庭」的經營宗旨。

筋豪推拿

承襲三位師傅的技術，為解決患者長期的肩頸痠痛、腰酸背痛、運動傷害等不適而創業，以敲打原理解開沾黏、再透過整復筋膜將肌肉調整回正確位置，最後結合整骨，並將營養概念導入傳統推拿，以更完整的方式、內外調理同時並進；未來盼能培養團隊進駐運動團體，協助運動員調整身體狀態、延長其職業生涯，為此技術發揮最大效益。

馳峰汽車

以「馳峰」象徵「奔馳巔峰」，並以老鷹為品牌形象，意味著將在中古車業脫穎而出、展翅高飛的野心；「誠信、品質、服務」是馳峰的經營理念，多元服務內容囊括維修保養、汽車改裝、貸款、禮車租賃等，貼心考量喜好及需求讓顧客以寄售的方式用理想價位順利換車，顛覆傳統對中古車的印象，細心的態度也為馳峰帶來許多回流客源。

亞太區塊鏈應用推廣協會

隨著比特幣的飆漲紅遍全球，帶動區塊鏈觀念的興起，創辦人黃珀朱便順應趨勢做轉型，她看見區塊鏈的價值，便創立推廣協會盼讓更多人認識區塊鏈；其去中心化的特色可以導入應用在公司企業，即使沒有 CEO、企業仍可自行運作並發揮產值；協會也不定期舉行線上研習營，讓會員能夠系統化學習並認識其價值，保護自己、也保護投資者。

Ve' nvs hair salon | Jessica

秉持「以人為本、以善為念」的核心價值，優質技術團隊創造高品質、高效率的服務，以客製化的概念，用雙手和剪刀及時尚美學為每位顧客量身打造屬於自己的魅力丰采！隨著人們生活形態改變，追求美的人越來越多，髮型設計師是創造美和欣賞美的重要角色，美髮業在服務業裡被稱為「永不落的太陽」，只要有人類就有美的存在價值。

BMC（範例）

重要合作

- 有線電視公司
- 廣播裝置
- 製作人
- 工作室

關鍵服務

- 廣告銷售
- 影片授權

核心資源

- 品牌知名度
- 獨家內容

價值主張

- 觀看獨家且高畫質的系列影集及電影。
- 廣告置入予目標族群。

顧客關係

- 主動購買
- 系統推薦

渠道通路

- 電視頻道
- HBO Max
- HBO apps

客戶群體

- 廣告商
- 任何對影視有興趣者

成本結構

授權許可費用、開發成本

收益來源

會員訂閱費用、商品售出收益、廣告費

我創業，我獨角（練習）

設計用於 _____ 設計人 _____ 日期 _____ 版本 _____

重要合作	關鍵服務	價值主張	顧客關係	客戶群體

核心資源

渠道通路

成本結構

收益來源

Chapter 4

#A

窗想影像設計

攜手建立品牌的最佳夥伴

窗想影像設計的總監盧建良（Kevin），對於經營事業有自己一套想法，盡力帶給顧客最好的視覺饗宴，期望透過窗想影像設計，為顧客創造更大的收益和價值，陪伴顧客的品牌共同成長。創業的一路上兢兢業業，一日復一日、造就事業上的成功與內心踏實的成就感。

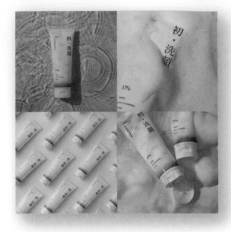

商業攝影——初洗顏

為自己打拼，做自己老闆

當初，考量自己的生活與目標，最後下了重要的結論，走上「創業」的道路。剛開始，大學畢業後經歷過幾年的上班生涯，發現台灣目前的就業環境只能生存而不能生活，自我的紀律與良好的經濟控管下，生活也還過得去，也能偶爾出國旅遊放鬆心情，只是每次總在旅遊回台後，皆要重新面對存款歸零的問題，回歸現實生活的考量，也讓自我對人生有了極大的危機感。

這樣忙碌、迷茫、瞎忙的生活，並不是自我所想要的未來，因此，決定改變這樣的死循環。第一步，利用業餘時間接案賺外快，憑藉自己在學校的專業知識累積，以及出社會幾年的職場經驗，在外包網上開始接案，以工作室的方式，經營了四年多。SOHO 時期剛開始以設計、攝影跟印刷為主，單純做些視覺設計跟美術編輯項目，時間拉長後，增加了更多的營業項目，包含 BANNER、文案、拍攝商業攝影，自己是自己的老闆，什麼疑難雜症，皆要自己處理與解決問題。

當營業項目越來越多元後，第二階段，開始思考是否立下自己的事業。一來是把實務項目轉成公司營業項目，做的事情與工作室並無異；二來為了讓客戶更安全更有保障。在專業攝影的思維，認為「人接收資訊時，百分之七十都來自視覺，透過相機『觀景窗』觀察，並且拍下攝影者心中所構思的畫面」這些「影像」和「設計」兩者不謀而合，因此以「窗想」二字做為靈感，成立了「窗想影像設計」。

創業的開始也是挫折的開端

創業初期，實在是將「創業」這兩個字想得太簡單了，並非有「專業」就能夠成功。原先認為，收入只要比上班族的薪資多一點就足夠，事實上的結果，支出的項目比收入大很多。最開始的挫折是案量的不穩定，在第二年第三年卻因案量不足，無法支撐生活，第一年因為原生人脈的需求讓他忽略了開發陌生客群，每個月能進口袋的資金不到一、兩萬，生活的開支龐大，戶頭下降到直逼四位數的壓力極大，也和他想賺錢的初衷似乎相違背，也萌生了放棄的念頭。

在壓力最大的時刻，想起了設計前輩的一句話，「永遠不要給自己留後路」，要堅持自己的創業初衷。一個念頭的轉折點，決定「堅持」與「突破困難」，如果留了後路就不會前進，人需要有壓力、有痛苦才會進步、成長，走回頭路就是回到舒適圈，唯一不會改變的就是，鼓起勇氣向前走。

瞭解市場，知己知彼百戰百勝

為了解決公司沒有案源的問題，開始積極參與商業社團，與人交流的過程才知道，除了本身設計的專業外，創業還需要解決會計、管理、市場、業務以及金流等問題，透過這些經營與規劃的概念，閒暇之餘一邊學習企業管理一邊調整公司內部的營運，才讓公司愈趨穩定，建立企劃部門、視覺設計部門以及攝影部門等，透過專業分工，讓品質更上一層樓。

除了管理經營上的調整，透過分析市場需求，台灣有大量的中小企業，在網路世代崛起的微商相當多，但公司規模多半養不起一個獨立的行銷部門，即便公司有行銷，通常也是採「一人身兼多職」的模式，一方面是非專業的效益問題，二方面即便有專業，僅有少數幾位設計或美編的作業方式，讓創意和想法無法結合為一，出來的成果總是受限，無法整合相輔相成。

即便如此，每個好的商品、模式都需要設計與企劃吸引受眾，設計很多人做，但設計整合則是另外一種能力，現今擁有整合能力相對吃香，這是「窗想」的最佳武器之一，因此他看準市場痛點，精準策略執行。

不停歇的腳步，與合作企業共生

過去曾在百大集團中的工作經驗，累積了不少與人協同合作的經驗，懂得層層分工和良好的溝通能力，透過邏輯的思維帶進企業的文化中，強大的團隊和深厚的專業知識應付各種疑難雜症的設計問題。2020 年接手 YAMAHA 音樂教室招生主視覺設計，並且獲得市場客戶青睞，爾後 2021 年的主視覺仍由窗想操刀設計，全台一百多家的門市都露出窗想設計的作品，除了被日商肯定之外，同時更服務過相關亞太地區、歐美等國際設計之相關業務，無庸置疑對窗想的作品給予肯定，奠定了國際宏觀視野。

當今 5G 數位化趨勢下，電商只會更加蓬勃發展，也帶動了更多人需要窗想影像設計的服務，除了平面的設計，也會加入影音應用與行銷，尋找更多優秀人才加入窗想團隊，調整在不同面向上的業務比例，優化調整公司整體狀況，著重教育訓練及人才的培養。窗想影像設計陪伴客戶品牌成長，把作品做到淋漓盡致，希望服務到更多同頻率好溝通的業主，以「誠信為本」，做為企業長久發展的基石，持續努力不懈！

1. 窗想影像設計提供舒服的工作環境
2. 社群行銷——金湯匙花漾時尚會館
3. 品牌設計——老鐵雞排
4. 包裝設計——欖油減糖冰淇淋
5. 主視覺設計——Yamaha 音樂教室

#B 窗想影像設計
商業模式圖 BMC

 重要合作

- 網站設計
- 廣告公司
- 媒體公關
- 印刷公司

 關鍵服務

- 品牌定位、設計
- 內容營運、數位行銷
- 商業攝影
- 影片製作
- 網站設計

核心資源

- 專業影像設計背景
- 集團式經營策略
- 資源整合能力

 價值主張

- 為企業或品牌，針對多元媒體平台與實體管道，建立鮮明一致性形象，創造產品訊息傳遞最大化與吸引力，最終提供消費者良好的消費體驗。

 顧客關係

- 共同協作
- 互利共生

渠道通路

- 官方網站

客戶群體

- 中小企業主
- 品牌商
- 企業轉型

成本結構

 人力成本、軟體設備、硬體設備、時間成本

收益來源

 多年累積客戶、藉由口碑轉介紹

TIP1：強大的專業，與團隊成員，端出最好的作品給業主。

TIP2：將過去的經驗和自己的資源累積，做整合提供更佳的服務。

#C 創業 筆記

成立時間：2018/02/02
團隊人數：8

Q 如何精準的執行在目標上？

A 我們是一個小型的團隊，但團隊每一位成員皆具備著獨立思考與解決問題的超能力，並透過部門與部門密不可分的良好默契達到精準有效率完成地業主期許目標。

Q 公司目前如何行銷自家產品或服務？
如果還沒開始，有什麼行銷計畫？

A 投入數位行銷第一步建立自家官網網站，網站是一家公司的集大成，所有商品與服務都可以在網站上搜尋的到，同時結合 SEO 網站優化，隨著時間慢慢累積網路資產，最後透過數據剖析營運策略。

Q 目前該服務的獲利模式為何？

A 在降低成本與提升價值兩競爭策略並行過程中，企業必須整合人才、技術、資源、資金與資訊做最有效運作，讓企業成為服務顧客最經濟的製造或服務的價值鏈。

#D | 影音專訪 LIVE

窗想影像設計有限公司

LIVE

02-2338-0391
www.wintasydesign.com
新北市新莊區復興路一段 2 號 6 樓

光質作文創行銷

一點一滴地醞釀，用台灣味的墨水向世界渲染台灣美

光質作文創
- LuzMade -

葉倚溱（陽光），光質作文創行銷的負責人。從小就喜歡寫字，對墨水情有獨鍾的她更研發一系列充滿台灣味的墨水，更在投身公益後將創作與其融合，作品中蘊含台灣這塊土地的故事，希望藉著作品呼籲大眾守護台灣的原生態，也告訴下一代台灣傳承延續的在地故事。

1. 嘉大 EMBA 演講「台灣筆墨之美」　　2. 封蠟課程
3. 興大附農生態保育課程演講及彩繪課　4. 舉辦墨水講座與試色體驗

從小獨鍾寫字，決心研製台灣在地特色墨水

在這個手機不離身的數位時代，愈來愈多人以鍵盤代替手寫，也漸漸地忘了怎麼寫字，但不同於此，外號陽光的葉倚溱從小學識字以來就相當喜歡寫字，對寫字情有獨鍾的她喜歡靜靜地抄寫金句或心靈雞湯，而這個習慣與熱情就這樣一路伴隨她到大學，爾後，她在網路上加入手寫社團，並因緣際會接觸到鋼筆，她便開始學做鋼筆、學車床、研製鋼筆等等，陽光一頭栽進了鋼筆的領域，還因此剪去一頭長髮只為方便操作車床；但踏入了鋼筆這個坑還不是盡頭，陽光更對墨水一

見鍾情，她喜歡水性墨水在書寫過程因不同的調性及紙張材料的變化，便開始自己調製墨水，朋友們也紛紛向陽光提議：「你這麼會調墨水，應該站出來跟大家分享啊！」看著國外早已有將近上百種顏色的墨水，陽光決定站出來創立品牌、研製屬於台灣在地的墨水。

如同外號一般，陽光總是給人帶來正向與溫暖的感覺，她創立工作室「光質作文創行銷」，意旨「從『陽光』開始傳達一切正面能量，並執著於產品的品質、提供客製化的創作服務」，除了創作墨水，還有各種文創商品，舉凡衣服、帽子、拖鞋等從頭到腳的生活用品都提供客製化創作服

務，讓每一個人走進光質作，都能成為設計師、共同創作專屬回憶。

從台灣系列墨水開始、傳承台灣在地文化

特別的是，光質作的所有墨水都攸關著台灣在地的故事及文化，陽光自家鄉——澎湖馬公——開始她第一款台灣系列墨水：「媽宮墨水」，「媽宮」是澎湖的舊稱，加上以前沒有紅磚瓦的時候，建築物大多用取自珊瑚礁的碎片，就是俗稱的「砱仔」，再加上煤炭後就能燒製成石灰的工法來建蓋，也是記憶裡澎湖房子的顏色，陽光說道，澎湖系列還有另一款墨水是仙人掌果的紫紅色，就

1. 與台中吉祥物石虎合照
2. 光質作工作室內部

像去西嶼吃完仙人掌冰會殘留在舌根上的色，打開墨水的瞬間就彷彿打開時光寶盒，喚醒了記憶中的家鄉。

而私下的陽光十分熱愛公益活動，在擔任導覽員的過程中她總愛這樣問孩子們：「屬於台灣的顏色是什麼色？」而早熟的孩子們總會這樣此起彼落地答到：「藍色！綠色！橘色！」，在媒體渲染下政治色彩已經讓孩子們覺得這就是台灣的代表色了，但陽光認為台灣有屬於自己的顏色，它是紅色卻又不是正紅，就像是紅龜粿或冬至湯圓的紅色，或是杜鵑花和春仔花的紅色，也可能是到廟裡拜拜時香腳的紅色，這些才是正港道地的台灣色，陽光將它稱之為「台灣紅」，亦是「官將首」墨水的靈感來源，墨水在滴落的時候會呈現粉紅色帶點黃色，就像官將首的服裝帶有黃色的元素，加上淡淡的檀香味，使用時自然而然就會在腦海中浮現畫面，光質作的每款墨水背後都有它的故事，因為陽光希望可以藉由墨水與消費者做故事性的連結。

創作產品同時也成就故事

製作墨水其實需要相當的技術，不只是純水加染料、還要不斷地調整保濕與防腐配方，並長時間測試使用上是否會傷害筆身，為了產出香氛墨水與市場做區隔，陽光甚至特地上香水課程，且因為酒精會腐蝕筆桿，所以香氛的基底堅持絕不添加酒精，也特意挑選不傷害肌膚、不損傷鋼筆供墨系統的成分；陽光在每個環節及用料的種類都有她的執拗及龜毛，因為只要一個不慎都可能造成消費者在後續保養上的不便，縱然研製過程繁瑣，陽光仍堅持在每個產品寄出前，親手寫小卡片並親自綁上緞帶，她認為每個產品都是一份祝福及心意。

陽光提及，曾有位朋友的孩子想將畫做成背包給全家人使用，但坊間的工廠不接受數量少的訂單，所以前來詢問，陽光二話不說便答應，也積極與孩子溝通、去理解他畫中的世界，結果成品不僅讓孩子很興奮、學校的同學也覺得很厲害；「我們創作時就像魔法師，透過合作讓很多人也成為設計師」她說道，也體認到原來在創作完成並交出後、還能藉由消費者的反饋有後續的故事發展，或許只是幫別人完成心願，卻也成就了一個故事，這般幸福讓身為創作者的陽光也感同身受。

以墨水出發，讓世界看見台灣的故事！

熱衷公益的陽光從高中就開始穿梭於各個公益活動中，至今已經有二十餘年的志工經驗，且每個月皆會捐獻部分盈餘給社會福利團體，2018年還擔任了台中世界花卉博覽會的志工幹部，她亦投身呼籲大眾守護這塊土地上瀕臨絕種的保育類生物、維護台灣的原生態環境，因此研製了關於石虎與文心蘭的代表色系，並以此發展了石虎的周邊產品。不僅如此，陽光更獲選為台中市社會優秀青年，她說到：「活著就是一件很幸福的事情，愛就是要在別人需要時看見自己的責任，為別人付出就會發現上天給我們的一切是很幸福的」，現在陽光在大學及國小皆有教授美術、文化與文創的課程，希望能用自身之力引導孩子盡情地創意發想，未來也將投入偏鄉持續推廣文化與寫字教育。

2020年，光質作經台中市文化局評定獲選成為台中市藝術亮點之一，台中系列的墨水也獲選為台中市十大伴手禮好禮標章，「讓世界看見台灣」是陽光宏遠的目標，未來她仍會持續創作台灣地方特色系列，擅於以創作說故事的她也說到：「行銷不是把產品強推給消費者，而是在陳述產品的故事中把消費者拉進來」，她深信好的產品會說話，創作者要做的不是一味地為了販售而推銷產品，而是與消費者一起分享其中蘊含的愉悅與幸福。

 # B | 光質作文創行銷
商業模式圖 BMC

重要合作

- Pchome 商店街
- 蝦皮拍賣
- 文化資產園區
- 原物料商
- 包材行
- 藝術創作者
- 學校
- 企業團體

關鍵服務

- 鋼筆、香氛墨水
- 封蠟、篆刻課程
- 彩繪、刻印章課程
- 文創商品客製化
- 手作課程教學
- 客製化設計

核心資源

- 製作墨水技術
- 教學技術
- 入選台中市十大伴手禮

價值主張

- 意旨「創辦人陽光執著於做出品質好的產品」。透過文創來連結土地的歷史與文化情感，取材自童年的回憶，或成長過程中生活的方式與形態，那就是根，讓生存在台灣的人可以更有底蘊、以自己的文化為榮，發現原來台灣這麼美。

顧客關係

- 主動購買

渠道通路

- Facebook
- Instagram
- 報章雜誌
- 購物平台

客戶群體

- 志工
- 熱愛創作的人
- 熱愛手寫的人
- 欲送禮的人
- 學校單位
- 企業團體

成本結構

 原物料、包裝成本、翻譯、畫作、行銷成本

收益來源

 產品售出收益、講座、教學費用

TIP1：愛就是要在別人需要時看見自己的責任，為別人付出就會發現上天給我們的一切是很幸福的。

TIP2：行銷不是把產品強推給消費者，而是在陳述產品的故事中把消費者拉進來。

#C 創業筆記 ✐

成立時間：2017/08/04
團隊人數：3

Q 主力產品的重點里程碑是什麼？如何精準的執行在目標上？

A 目前主力產品的重點里程埤會放在臺灣在地故事的開發，希望有朝一日能夠在全台各縣市都研發出專屬的一套墨水，在開發的過程中，最重要的決策者其實是粉絲，也就是我們的消費者，每次有想法時便會在粉專及社團中提出，讓消費者可以參與其中的過程，互動中也能更明白消費者的需求，使創作上更符合消費用的使用與想法。

Q 開發／溝通過程什麼事情發生最令人害怕？

A 在開發的過程中，最害怕的是已開發完成，但原物料卻短缺及停產，尤其是疫情期間，為了要能完善就需要花費更多的資金將市場上的原物料購回並備好庫存，以免產生無法出貨，造成消費者預期失望的心情。而一旦確認停產無法購買，則又要重新再市場上搜尋原物料、再重新測試過一遍，這樣的過程，其實是最令人害怕的。

Q 公司目前如何行銷自家產品或服務？從客戶第一次接觸到成交，一段典型的銷售循環是什麼樣子？

A 目前採取的行銷方式大多採網路社群平台，主要是在粉專與社團、LINE、IG 上等發文曝光外，也持續參加實體活動增加品牌能見度。因為我們都是採口碑行銷的方式，大多的消費者都是原先的客戶轉介紹而來，又或在體驗、講座活動中認識我們，銷售的循環會是接觸－詢問需求－給予建議及相關範例－客戶確認－成交－商品售後服務。

#D 影音專訪 LIVE 📹

我獨角創業，
UNIKORN
UNIKORN
UNIKORN
UNIKO

光質作文創行銷

SCAN ME

● LIVE ▶

0966-586-616

fb.com/Luzmade66/

台中市南區復興路三段 362 號 R12-38

＃A

藝悅創意

在日常中感受美學，讓藝術悅樂您心！

張智琦，藝悅創意的執行長。認為藝術是一種美學的體驗，亦是生活不可或缺且隨處可見的要件，他希望用藝術作為生活美學的推廣教育，以創新的概念、體驗的模式整合藝術資訊，推展藝術及美學領域，並幫助展演團體能在舞台上發揮所長、盡情揮灑才能。

藝悅創意音樂舞台服務——國家音樂廳台北傳統音樂祭：
開幕 200 人、樂團 90 人、合唱團 100 人

作為美學推廣者，盼打造文化體驗創新模式

藝悅創意的執行長張智琦擁有多年產業經驗，不論是兩廳院、學校，或是樂器製造行、琉璃精品製作，他回頭檢視自己待過的行業囊括了產官學界，每一份工作都離不開藝文產業，彷彿命中注定一般，於是創業的想法頓時油然而生，他決定站出來作為美學推廣者，創立一個能夠讓大眾更靠近文化藝術的生活平台；2019 年夏天，「藝悅創意」就在張智琦與友人的集思構想下成立了。

張智琦認為，藝術就是一種美學的體驗，且在生活中隨處可見，美學最主要的目的就是讓人感到享受，因此將品牌命名為「藝悅」，希望用藝術作為生活美學的推廣教育，讓大家在每天的生活中都因為藝術及美學而感到愉悅；「啟動創藝美學平台，打造美學文化體驗創新模式」為藝悅創意的創立宗旨，張智琦提及，其實有許多人都在從事推廣美學的相關產業，但他希望可以透過不斷創新的實驗與體驗的模式，平台的概念以創新教育為主軸，藉由此方式讓大眾了解藝術產業的模式，也讓有意投入藝文產業的學子或社會新鮮人可以更熟悉這個產業的輪廓，有助於未來真正踏入這個領域後能更快速地適應。

承接上游的專業協助、整合中下游的產業資源

提及藝文產業，多數會直觀地想到音樂及藝術的創作者或表演者，但其實藝術也是一個產業鏈，跟大多產業一樣是由上游、中游及下游串連而成的商業模式，而藝術囊括相當廣泛的面向，藝悅創意目前則是著重於中游及下游的資源整合，並邀請上游端、位於第一線的領域專家參與協助或指導。

藝悅創意目前著手進行的核心發展重點除了音樂與戲劇教育以外，亦延伸了較為專業的音樂周邊

1. 愛麗絲的音樂冒險活動
2. 愛麗絲音樂冒險活動
3. 藝悅創意線上教育 - 仟旅藝術
4. 藝悅親子音樂故事劇場 - 愛麗絲的音樂冒險

服務，主要可以分成三大類：

（一）、親子教育：透過音樂、故事、劇場讓小朋友了解到藝術，利用在親子界聞名的童話故事繪本作為故事劇場的架構，並在情節裡融入了關於音樂的常識，提供學齡前及幼稚園的孩子，在年紀尚小的時候就可以認識到音樂的基礎知識，在活動間亦增進親子之間的感情與默契。

（二）、藝文教育：線上與線下同時進行課程以推展藝術教育，創立線上教育平台、邀請專家錄製線上教學課程，並結合專家舉辦線下體驗活動，並搭配目前教育部積極推動 108 課綱的素養教育。

（三）、展演團體行政服務：結合產業鏈中的專業人士提供服務，張智琦提及，團隊裡有許多富含音樂素養的同仁及專業的技術人才，反之，在各式的展演團體裡鮮少具有專業知識及技術性的人才駐足在團體裡，他認為讓有實際職業樂團經歷的人才提供服務，能使表演者專注在演出上，藝悅創意提供後臺繁縟事務、舞台助理服務或行政庶務處理，帶領客戶的展演團隊做好萬全的準備，以避免在表演期間的任何突發狀況而自亂陣腳。

創業就是無數的溝通、無盡的瓶頸

甫踏上創業的路程確實遇上不少挑戰，張智琦坦言，前期需要與許多從事藝文產業的專業藝術家做溝通，有些藝術家對於藝術抱有自己的見解與堅持，也較難以理解藝悅創意所表述的商業模式與產業藍圖，作為執行長，張智琦要兼顧創新的概念、又要淺顯易懂讓大眾容易理解，在無數次的來回溝通中、突破數不清的瓶頸，才終於取得之間的平衡、達成共識，藝術家也轉而支持藝悅創意的經營理念，主動上前聯繫的藝術家亦紛至沓來。

雖然公司的成立僅短短幾年，是個相當年輕的新創公司，但各方面的業務都在同時推進，獲得不少客戶的肯定與反饋，尤其在 2021 年初演出的「愛麗絲的音樂冒險」──以愛麗絲夢遊仙境的童話故事作為劇本的架構，融入打擊樂器的情節讓小朋友可以在互動中對音樂有初步的了解，不僅讓孩子在玩樂與欣賞表演中獲得常識，家長也在訊息及留言中給予許多回饋。

舞台背後的事都交給我們！

藝悅創意前進的步伐十分積極，更一展初生之犢的精神，承接台北市立國樂團與國立台灣交響樂團的年度表演舞台服務案，從顧客、專業藝術家到政府各個層面的肯定對張智琦而言是偌大的動力來源，他說到：「這些認同是比實質收益還要更大的期待與成就感」。

未來張智琦仍會持續深耕劇場教育與體驗教育，盼能讓更多展演團體受惠於公司專業的服務，「彼此各自展現專業、互相幫忙！」他說道，表演者在舞台上盡情揮灑洋溢的才華與魅力，舞台背後的大小事就安心交給藝悅創意，因為張智琦深信推廣美學就是他肩負的使命與夢想。

仟旅藝術線上課程 - 鋼琴合作百寶箱

 #B | 藝悅創意
商業模式圖 BMC

重要合作

- 台北市立國樂團
- 國立台灣交響樂團
- 文化藝術工作者
- 藝術類老師

關鍵服務

- 藝術營隊規劃、藝文活動企劃
- 親子音樂故事劇場
- 音樂節目統籌、文化創意提案
- 音樂藝術經紀顧問
- 音樂表演團體舞台技術服務
- 展演團體行政管理服務

核心資源

- 藝術人才團隊
- 舞台技術人才
- 舞台監督、助理
- 舞台行政、譜務管理
- 文化創意產業教育與節目製作

價值主張

- 以「啟動創藝美學平台，打造美學文化體驗創新模式」為創立宗旨，運用創意策略思維、企業經營成長、藝術跨界整合、科技藝文發展、結合台灣文化藝術工作者與教育服務人才開發原創內容產出等重點發展指標開拓創新美學體驗新境界。

顧客關係

- 主動消費
- 跨界整合

渠道通路

- Facebook
- 官方網站
- 線上教育平台
- 展演活動

客戶群體

- 家庭
- 學生
- 樂團
- 展演團體
- 藝術表演者
- 音樂創作者

成本結構

技術人力成本、活動成本、課程製作成本

收益來源

服務費用、演出費用、課程費用

#C | 創業筆記 ✐

- 認同是比實質收益還要更大的期待與成就感。

- 彼此各自展現專業、互相幫忙。

- _____

- _____

- _____

- _____

- _____

- _____

- _____

- _____

#D | 影音專訪 LIVE 📹

藝悅創意

02-2926-3940

https://plaisirart.com/

新北市板橋區莊敬路 11 號 11 樓

#A

開箱貓哈豆

繪出驚喜藏寶箱，陪你走過每個喜怒哀樂

©2015,2021 OPEN CAT HADO.

開箱貓哈豆的作家——豆渣。在搬遷工作室的過程中得到靈感，她便重拾畫筆、創立了「開箱貓哈豆」的角色重啟創作事業，以貼近生活的繪畫風格獲得顧客的共鳴及廠商的青睞，希望能藉由異業合作的方式、使創作結合台灣商家的產品一同外銷到海外。

圖文創作－開箱貓哈豆送禮物

從搬家中找到靈感，創造新角色

豆渣一直以來都很喜歡創作，工作之餘的閒暇時光總是充斥著創作，為了兼顧工作與創作總是不斷地搬家，直到近兩年才終於定下來，正好在最近一次搬家中遇到了一隻流浪貓，豆渣不禁感同身受、覺得自己無數次搬家的經歷就像流浪貓一樣，要一直去適應新的地點及環境，她認為許多人跟她身處相同處境，為了工作、生活或家庭必須到處奔波，每次搬遷就會將自己想收藏或紀念的物品打包並裝箱，待抵達下次地點後再拆開，就像是開啟新的期待與希冀，於是她靈光一閃、將「搬家」與「流浪」的概念結合，並將貓與箱子結合發想了新的角色——「開箱貓哈豆」。

因為流浪貓很容易受到驚嚇，於是豆渣將貓咪取作「哈豆」——源自於客語嚇到之意。豆渣常常透過開箱貓哈豆分享自己的生活中的喜怒哀樂，她認為用創作發表自己的思維與想法是一個很自在的表達方式、也是個良好的互動模式，以較貼近生活、人性化且可愛的畫風接觸大眾，粉絲也較容易有共鳴。

鮮明的角色設定，與客戶創造雙贏價值

哈豆是一隻黃色的開箱貓咪，有著樹苗形狀的鼻子，橘色的膠帶是他的尾巴和斑紋，箱子下方有牠的腳、可以伸縮有時還會不小心解體，牠是隻有神奇力量的貓咪，可以將吃進嘴裡的東西從箱子變出新奇的事物，常常讓人捉摸不定下一步又會變出什麼東西來；除此之外，哈豆還有另外兩位夥伴——G醬和熊B，G醬是隻個性傲嬌的綠繡眼，頭上帶有叛逆的紫色龐克頭髮型，常常用哈豆來做料理；而熊B是隻藍綠色的台灣黑熊，個性就像是好好先生，能將自己變成各種不同的造型來幫助大家解決問題；開箱貓哈豆是一系列關於哈豆、G醬和熊B三個好夥伴的冒險故事，有著不同神奇力量的朋友們同行，每天生活都充滿驚喜與期待。豆渣用天馬行空的想像力、將筆下角色的性格刻畫得鮮明顯著，且選用台灣獨有的綠繡眼及台灣黑熊作為角色原型，以柔軟的方式置入了台灣文化，獨樹一幟的風格讓人過目不忘、印象深刻。

1. 與「無藏茗茶」開花茶
2. 與「阿瑋米香」招財禮盒合作
3. 「模鐵鹿」大公仔製作合作禮品展快閃
4. 香草野園」宅配箱合作
5. 與「西川米店」優雅禮品合作

目前開箱貓哈豆以圖文授權與異業結盟為主,與無藏生醫——口罩、無藏茗茶——開花茶、阿瑋米香——招財開箱貓米香禮盒、西川米店——米禮盒、模鐵鹿——大公仔快閃景點活動廠商皆有合作經驗,透過圖文創作幫廠商做包裝設計或文宣,豆渣也會帶著合作商品參加各式文創設計展覽或採訪報導,以此增加產品曝光機會,創造雙贏的合作價值;豆渣還提及,有回她一如既往地帶著產品參展,正好產品被刊登在活動現場的螢幕牆上,讓從未在大螢幕上曝光自家產品的廠商受寵若驚,廠商能夠因為自己的設計而提高知名度也讓豆渣感到與有榮焉。

學會認同自己,在工作與創作間取得平衡

豆渣很早就開始圖文創作,也因此早早就有自己的設計工作室,直到近兩三年參與商務聚會才從中發現到連結各個產業的合作機會,而圖文創作並非豆渣的正職工作,也因此在忙碌的工作與創作間取得平衡是她一直以來的課題,慶幸的是,一路以來遇到許多合作廠商都很樂意給予建議,豆渣也從合作經驗中學習到如何將創作與各類產品結合,保留自己的創意發想、也展現產品的商業價值,並從中更了解商業領域的語言,不再只是個關在自己世界裡、與外界格格不入的設計師了。

而開箱貓哈豆看似可愛童趣,但其實背後亦有它的蘊意,雖然哈豆擁有神奇的力量,但無厘頭、少根筋的它偶爾還是會出糗,就如同自己一般,豆渣說道,創作出好作品時自己會因此感到興奮及驕傲,但不見得每次都能創作出滿意的作品,偶爾也會遇上沒有靈感或創作失敗而感到沮喪之時,透過創作開箱貓哈豆的過程中,她也體認到每個人都有不同的天賦與獨有的特色,即使偶爾會出錯或不順遂,但每個人都是絕無僅有的,不需要去羨慕別人。

期待異業結盟、創造無限價值

未來,豆渣堅定地表示一定會持續創作,期望可以與傳統產業合作,將台灣的產品結合自己的創作外銷到海外,能夠以創作與其他產業迸出火花、創造價值是她最引以為傲的事情;此外,她也認為台灣有許多優秀的人才創作實力是不輸日本或韓國的,並呼籲廠商可以多加與台灣在地的圖文創作家合作,藉此推廣台灣文化、攜手將本土的品牌透過創作再加值並揚名海外。

而提及創業,豆渣坦言創作其實很好上手,在這資訊發達的時代,有許多平台可以發布作品、也有許多模式可以覓得合作機會,「多聆聽廠商的需求、也適時地做自己,在商業與創作間取得平衡」豆渣說道,機會是自己尋來的,「多嘗試」絕對是成功的不二法門。

#B 開箱貓哈豆
商業模式圖 BMC

重要合作

- IPIP-BANK
- 台灣角色協會
- 無藏茗茶
- 無藏生醫
- 西川米店
- 香草野園
- 阿瑋米香
- 卷尾設計
- 威向出版社
- 模鐵鹿
- BNI 商務人脈

關鍵服務

- 大公仔模型製作主題展、快閃店
- 互相介紹合作夥伴提供通路、行銷資源
- 國內外線上線下參展

核心資源

- 角色 IP 可依照客戶產品特性、顏色、顧客年齡，作圖面的色彩設計與風格調整
- 產品包裝設計，讓廠商彼此合作

價值主張

- 每個人找到最適合自己的平衡點，並與各產業特色跨界合作，開創文創台灣，榮耀世界。

顧客關係

- 授權講座
- 媒合會邀請
- 各領域產業主線上 / 實體交流媒合會

渠道通路

- 官方網站
- Facebook、Pinkoi
- Instagram、Youtube
- 國內外線上線下活動展覽

客戶群體

- 文具商、禮品商
- 食品商、寢具商
- 行銷活動
- 遊戲廠商
- 想要與台灣圖像作家合作
- 有經驗圖像授權的廠商

成本結構

圖像設計與開發成本、海內外市場調研、國內外品牌安全諮詢法律、智慧財產維護權利、國內外線上線下參展

收益來源

圖像授權金、圖像立體化、開箱貓哈豆圖像客製化設計

#C | 創業筆記 ✍

- 多聆聽廠商的需求、也適時地做自己，在商業與創作間取得平衡。

- 「多嘗試」絕對是成功的不二法門。

- _____

- _____

- _____

- _____

- _____

- _____

- _____

#D | 影音專訪 LIVE 📹

#A

玩坊有限公司

學中玩、玩中學，桌遊夯你跟上了嗎？

MORE FUN
BOARDGAMES

魏英多，玩坊有限公司負責人。魏英多本身就是個遊戲迷，溫和親切的他談起遊戲語氣卻是激昂十分，因緣際會下於嘉義創立桌遊俱樂部，一開始只是興趣取向，隨著規模擴大魏英多興起創業念頭，以「玩坊有限公司為名」，魏英多開始了他的遊戲人生。

1. 產品組合集錦　　　　　2. 活動展場攤位
3. 產品照 - 上架多元桌遊　　4. 產品照 - 機密代號

名符其實的桌遊大前輩

早在 21 年前魏英多便玩起桌遊，當時台灣相關產品相當稀少，說是桌遊荒漠也絲毫不為過，生活在台北的魏英多工作一陣子後決定回學校完成學業，他遠赴嘉義就學，並於求學過程中發現玩桌遊的人並不少，為此他創立社團，希望能將這群同好集結一塊，此舉一出，引起的迴響遠超魏英多所想，因此他進一步擴大規模，於嘉義建立一處桌遊俱樂部，提供一處大家可以自由輕鬆交換遊戲心得的場所。

熱愛遊戲的人們總是夢想著有一天能夠成為遊戲代理商，除了能第一手試玩喜歡的遊戲，也能藉由商業行為讓更多人們觸及到自己的愛好，魏英多亦不例外，隨著俱樂部營運愈趨穩定，他開始

有了進口遊戲的想法，一段時日後，魏英多以「玩坊」為名正式創立公司。

艱辛的品牌定位之路

然而魏英多想得太少了，或甚至是沒有想到，一間公司營運所需的資金、成本、背後所需承擔的金流量究竟有多龐大，拿一件成本新台幣 250 元的桌遊來說，一次叫都是 2000 盒起跳，光是單套產品線成本就高達 50 萬，但一間遊戲公司不可能只賣一種遊戲，隨便揀個四五種整體成本便飆升至 2.300 萬，更不用提成交係數究竟能不能達到期望值的現實，對於從未經商的魏英多來說，成串的數字跟盈潤比例將他徹底搞昏了頭，對經營企業毫無頭緒的他於初期走了不少冤枉路。

雪上加霜的還有印刷相關問題，魏英多打頭便抱著自己承攬全部流程的想法，然而並沒有擁有相符專業的他，賠上許多錢進行印刷修正，種種波折下，魏英多開始思考自己是不是並不適合作為代理商？或甚至不適合當一個老闆？但心中那股對遊戲的初心仍然滾燙，他並不想就此放棄，魏英多決定退出代理行列，改做批發、簡化產品線降低整體成本，並積極尋求兩岸三地合作藉此開拓市場，歷經千辛萬苦玩坊終於慢慢壯大起來。

回想轉型批發時期，魏英多提及特別感謝「香港空中情緣出版社」與「北京一刻館」，兩家企業可以說是玩坊的大貴人，當時魏英多手上握的資本額並不高，抱著姑且一試的心態詢問寄售意願，沒想到對方竟相當爽朗地答應；所謂的寄售

1. 文案宣傳照
2.3. 活動展場攤位
4. 展場活動商品照
5. 桌遊盛大慶典人潮
6. 高質感桌遊型錄
7. 文案宣傳照

是一種委託代售的貿易方式，它是指委託人（貨主）將貨物先運往寄售地，委託代銷人依照協議方式進行銷售，貨物出售後再由代銷人向委託人結算款項的一種貿易方式；簡單來說，就是由出版社先行發貨，待商品賣出後再進行結算的合作模式，對於玩坊這種新創小公司不失為一道好策略，但能不能成功還是全取決於合作對象；「香港空中情緣出版社」答應後數日，魏英多便接收到到貨通知，看著眼前一兩百萬的貨竟真的飄洋過海到台，魏英多當時還是有些不可置信，他補充，整件事情最妙不可言的地方在於雙方從未見過面甚至連通話都沒有過，一直都只是靠著簡單的文字訊息進行溝通，對於合作對象無條件的信賴，魏英多始終抱持著感恩的心。

「玩遊戲不等於學壞！」

近幾年國內桌遊能夠於本地盛行，就不得不提到名為《說書人》的遊戲，其以看圖說故事作為主要架構，它啟蒙了台灣桌遊產業，自說書人引進後全台便颳起桌遊暴風，遊戲產品也從以往每年以幾十樣產品的更新速度躍昇至幾百樣，擔任玩坊的中盤商此時便顯得更加重要，雖然作為中盤商知名度並不廣為人知，但便是有玩坊的存在現今市面上廣泛的產品線才得以流通。

除了透過實體批發築夢，魏英多亦走進校園與嘉義學區合作，透過社團模式推廣桌遊文化，身為社團老師的魏英多相當認真地看待這份兼差，每每總花上許多心思了解學生的想法，並藉由適合的桌遊軟體開發學生潛能，幫助學生找回對學習的自信。魏英多笑談自己與學生關係十分緊密，有時公司臨時有急事需要請假，學生們皆會一臉不捨的嚷嚷：「老師你別請假啊，我的歡樂時光來自於你！」看著孩子們專注遊玩的神情與取得勝利後的笑顏，魏英多很高興當初自己做了創業這個決定。

興趣變成工作的人生

經營事業並不容易，除了得花上大把時間、金錢，也相當耗費心神，魏英多坦言雖然成功讓興趣變工作，但真正能玩遊戲的時間實則大幅減少了，但他對現況並沒有埋怨，對魏英多來說，看著桌遊市佔率逐年攀升，喜愛桌遊的族群漸漸壯大，他心裡比誰都還要更高興。身為中盤商的他也相當關注桌遊店家的發展，唯有桌遊店家好，玩坊才會跟著好，因此他相當注重雙方間的合作關係，並在可行範圍內盡力幫助合作店家推廣商品，期盼能夠帶動產業真正意義上的共生共榮。

#B | 玩坊有限公司
商業模式圖 BMC

重要合作

- 空中情緣出版商
- 北京一刻館桌遊吧
- 嘉義校區
- 物流商

關鍵服務

- 代理、批發遊戲

核心資源

- 代理經驗
- 獨家經銷權

價值主張

- 推廣桌遊文化，希望藉由桌遊大眾在休閒娛樂時多一個能豐富心靈的正向選擇。

顧客關係

- 雙邊回饋
- 共生共榮

渠道通路

- 社群平台
- 電子商家

客戶群體

- 產品販售

成本結構

營運成本、產品進口、人事開銷、海運費支出

收益來源

桌遊店家

#C | 創業 筆記 ✍

- 講究誠信，對客戶、對自我都保持忠實。

- 創造專屬通路，建立不可取代性。

- _____

- _____

- _____

- _____

- _____

- _____

- _____

- _____

#D | 影音專訪 LIVE 📹

玩坊有限公司

morefun@morefun-games.com

http://morefun-games.com/index.html

喬米時尚美學

不僅變美麗，還要讓您更 Charming！

CHARMING
喬·米·時·尚·美·學

紀英旭（Sunnie），喬米時尚美學的執行長，因想學習一技之長而踏入美業，學成後便自立門戶創立工作室，經過一路上的自我探索、進修，目前喬米已擁有五間店面，期盼未來朝美學產業顧問邁進，並以自身經驗幫助想展店的技術師朝夢想前進。

店內空間

誤打誤撞踏入美業，習得技術在手自立門戶

提及小時候，不喜歡遵循大人意見的 Sunnie，其實是大人眼底愛玩的孩子，Sunnie 不諱言她並不是個愛讀書的料，也因此打過各式各樣的零工，從加油站到開分員都曾嘗試過，對於未來她並沒有什麼憧憬，會踏入美業也是誤打誤撞，因一次與友人相約做美甲，讓她不禁思考是否應該習得一技之長，原本只是抱著躍躍欲試的心態，想也沒想過就這樣堅持了十餘載。

一開始 Sunnie 也是受雇於人，經過三年多的經驗及客源積累，她認為時機及技術純熟、是時候自立門戶了，她創立了屬於自己的工作室，以承攬或合租的模式維持生意，然而初次創業、涉世未深的 Sunnie 從未思考過資金來源、人員運籌、行銷運作等的經營概念，店面租金、水電等繁瑣的費用之高也是她始料未及的，在收益不如預期的前提下，第一間店便以失敗收場了。

儘管如此，Sunnie 仍未放棄她的創業夢，她轉而與同行的朋友合作重啟了她的事業體——也就是「喬米時尚美學」，Sunnie 與朋友合租了六坪大的空間以此開始了第二次創業，她的想法很純粹，即是希望可以透過技術服務客人，讓客人可以在愉悅的氣氛下變美麗。

反思自己、充實自己、調整自己

其實在尚未創立喬米時尚美學之前，Sunnie 有個夥伴也想創業，Sunnie 原以為他們能夠一起闖蕩，沒料到對方竟然另選他人一起創立新的店面，Sunnie 想破頭也無法理解對方的抉擇，悵然若失之際依然得堅強起來，隻身將店面穩固下來。不過現在回過頭來反思，Sunnie 也頓悟到當初的自己確實有所不足，她也認知到原來以前自己連基本的溝通技巧都沒有，慢慢察覺自己的缺點，進而調整這件事，也才讓事業漸漸步上正軌。Sunnie 自認為對於人際關係的處理很敏銳，她坦言一直以來都是以本能在處理公司的大小事，直到她自覺自身狀況已無法負荷諸多人力的運

1. 內部訓練
3.4. 大安店開幕
2. 增髮課程分享會
5. 北商創業分享會

籌，才體悟到單憑技術及本能是不足以經營公司及旗下分店的，於是 Sunnie 選擇進到台北商業大學進修，不僅一圓小時候的夢，另一方面也學習商業課程，希望能更精進店務處理能力。

創造美麗與美好是喬米時尚美學的宗旨，Sunnie 深信「一個體系的狀況就如同營運者的性格」，她希望公司的工作氛圍是歡樂的，店內的操作技

術師能與顧客有高度的互動與連結，技術師能成為顧客的知己、甚至是傾吐的對象，除了替客人創造亮麗的外觀以外，也帶給客人愉悅的心情，也因此喬米時尚美學的客源以舊客比例為最高。

將意外轉念為機緣

身為執行長、亦是店內的技術操作師，Sunnie 坦言她其實不覺得自己在創業，她認為像她如此校長兼撞鐘的營運模式，與其說是創業不如說是「自雇」，直到近幾年開始規劃展店事宜之際，隨著新的生力軍投入，Sunnie 亦開始思考如何做行銷、如何維繫與顧客之間的關係、如何覓得獨有的產品特色、如何找出整個體系的風格等的品牌經營要素，此時，她才覺得自己真的是個創業家。

而隨著喬米時尚美學的營運趨於安穩，Sunnie 也開始考慮是否應該跳脫技術師的身分、專心管理公司，但又捨不得手上的忠實顧客，正當她躊躇不定之際，沒料到她竟然在一次活動中摔斷了手，然而此次意外並沒有帶給 Sunnie 太大的難過或悲傷，心態正向的她沒有從此一蹶不振，反而堅定地說到：「是上天看到我的猶豫而給我的一條路」她反倒覺得自己是個好運的人，認為這是個良好的機緣，讓她可以下定決心將心思轉而放在公司的營運。

透過挫折看見不足、自我審視

Sunnie 說道，每每看到客人來店裡做完美甲、美睫或紋繡等服務，滿心喜悅地踏出店門口，或是每當她在外參與讀書會或進修課程，帶回公司與員工分享時，除了技術層面以外，員工亦得到不同思維的成長、觀念的提升等，員工與客戶種種反饋就是她最大的成就感來源。

縱然一路走來歷經波瀾，但 Sunnie 認為那些難關並無法將她打倒，她說到：「挫折是自我覺察的好時機，每個困難的點都可以讓我們審視自己哪裡有不足」因為她相信「看見才有辦法改變，看不見就無法進步」，這也就是為什麼 Sunnie 相當著重溝通，會定期舉行月會及內部訓練，讓同仁能彼此分享工作狀態及經驗談。

創業路上的總總瑣事——資金、行銷、管理制度等等，都可能隨時變動，自我思維的調整亦是創業家會面臨到的一大課題，稍有成就時也不要過度自信、自滿，否則會無法接收他人的建言，成長會逐漸趨緩甚至停滯，身在美業其中，持續接受產業的新知及技術是必然的。未來，Sunnie 希望能將公司的制度建立完整，也期許能藉由自己的經驗所學幫助更多同行的技術師走向創業展店之路。

#B | 喬米時尚美學
商業模式圖 BMC

 重要合作

- 美容材料行

 關鍵服務

- 接睫毛、紋繡教學
- 雙效蘊睫術教學
- 美甲光療造型手足保養
- 日式毛髮管理vio私密處除毛
- 美甲美睫教學日式去毛教學

 核心資源

- 美睫師
- 美甲師
- 累積的舊客戶

 價值主張

- 透過美學技能服務與顧客深度的生活連結，加上真誠的服務，帶給每一位愛美的顧客。

 顧客關係

- 個人協助
- 重視與客戶連結

渠道通路

- 實體店面
- Facebook
- Instagram

 客戶群體

- 愛美的女性
- 對美學有興趣的人

成本結構

 店面租金、人事成本、硬體設備、行銷成本、原物料

收益來源

 提供服務費用、教學課程費用

#C | 創業 筆記 ✎

- 挫折是自我覺察的好時機，每個困難點都可以讓我們審視自己哪裡有不足。

- 看見才有辦法改變，看不見就無法進步。

#D | 影音專訪 LIVE

珞蕾爾美學概念會館

男神女神製造機，美麗自信再加值

黎宥希與林欣儂，珞蕾爾美學概念會館的執行長與負責人，個性及長才互補的倆人擁有同樣熱愛美業的情懷，一直懷有創業夢想的倆人一拍即合便共同創立了珞蕾爾，希望讓每個走進店裡的顧客，能以近乎男神、女神般的成效改變，信心滿滿地走出店裡。

寬敞華麗的諮詢大廳

傳達美的定義，立志走上美業一途

一直懷有創業夢的黎宥希熱愛美業，年紀輕輕就已立定志向與友人創立公司，無奈操之過急，店點的選擇不如預期順利，與合作夥伴的洽談也不太順遂，他便轉換跑道至航空業擔任空服員，但對於美業的執著仍絲毫不減；在一次因緣際會之下黎宥希遇上同樣熱愛美業的林欣儂，有著相同夢想的倆人一見如故，倆人在彼此的眼中看見對於美業真摯且純粹的熱愛，黎宥希決定再給自己一次機會，便答應了林欣儂的邀約攜手創立了「珞蕾爾美學概念會館」，決心將美傳達給顧客。

「珞蕾爾」一詞源自於希臘及拉丁語系的女孩英文名，有熱忱、開朗及責任之意，也象徵著希望顧客走出店門後，不論是臉部肌膚或是體態都能感受到變美，讓每個愛美的女性都能變身成自信的女神。

誠實為上策，將心比心為顧客著想

美業一直是百家爭鳴、市場飽和度高，太過商業化的經營模式其實顧客都感受的到，而有別於商業利益為主的經營型態，黎宥希與林欣儂相當注重「誠實」，倆人在意顧客的需求但也堅持如實告知顧客問題所在，以清理粉刺為例，許多顧客會希望清理粉刺並且達到沒有毛孔的程度，但皮膚不可能不產生毛孔，只要有毛孔就會產生粉刺，真正的問題是在於臉部出油及皮膚保溼度，應該做好控油及油水平衡，才是治本之道。

「用心，站在顧客的立場設想」一直是珞蕾爾秉持的經營理念，黎宥希說道，就臉部美容而言，每個服務的步驟都會向顧客詳細說明，讓顧客了解課程的進度；而以美體來說，按摩是全身連動的，並非僅按摩痠痛的點就好，而是重視經絡的調整，透過其他部位的按摩漸進式改善痠痛，按摩時也會告知顧客痠痛的肇因為何，尋求問題的根本也順帶大幅提升顧客的信任感。

而按摩又可略分為單純經絡舒壓、瘦身體雕及孕婦族群，為完全把關客人的問題，林欣儂還特地考取國際孕婦證照、整體治療師證照及泌乳師

1. YAHOO 奇摩採訪本店－男生也有保養的需要
2. 2020 年，與私立神愛兒童之家公益捐款活動
3. 林欣儂負責人為顧客做全身的經絡舒壓服務
4. 黎宥希創辦人為顧客做專業仔細的粉刺清潔

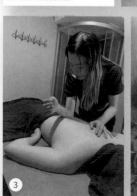

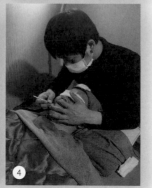

證照，就是為了避免在服務過程中發生任何差錯；倆人也發現到孕期中賀爾蒙會改變分泌的狀況，若賀爾蒙調理再搭配專業醫生建議，或許能提升受孕的機率，這亦是倆人未來欲延伸的服務面向。

攜手渡過磨合期，推動彼此繼續邁進

美容出身的倆人對於行銷一竅不通，客戶來源與廣告行銷一直是他們擔憂的癥結點，為了節流，形象設定、行銷文案、網站設計等倆人都只能自己發想，也透過許多媒介及平台曝光品牌；一路共體時艱的倆人也並非沒有過爭執，因為有過創業經驗，心思細膩的黎宥希常常躊躇不決，甚至在創業草創期有過想放棄的念頭，而當機立斷的林欣儂相當行動派，個性迥異的倆人常常在討論公司方案時無法達成共識，也常為了繁瑣的小事意見不合而爭執，但好在他們深知彼此都是為了公司好，因而藉由開會討論進行溝通，且倆人互補的性格反倒讓他們能夠推動著彼此前進。

黎宥希提及，曾有男性顧客臉上的坑疤相當嚴重，因為擔憂花費過高而遲遲不做治療，但卻在準備結婚之際受到岳父岳母嫌棄他不好看，他找上珞蕾爾並在四次的療程過後得到好轉，從原本的自卑、被嫌棄到被認同且充滿自信，如今也已順利結婚成家；像這樣的男性顧客也愈來愈多，占比幾乎將近一半，不論是需要身體調理抑或是臉部保養的男性都大有人在，男性愛美、注重外表的概念逐漸崛起，黎宥希亦認為這是個有前瞻性的待開發市場，也希望以他自身為例，讓更多愛美的男性也可以勇於走進美學會館改變自己。

不斷精進自我，永遠走在顧客前頭

一直以來，黎宥希與林欣儂皆相當注重專業度的提升，並持續進修、定期上課，閒暇時間也會充實相關知識，因為他們明白美業的變遷速度快，產品及技術亦不斷地推陳出新，黎宥希說到：「要走得比消費者前面，才能將最新的資訊回饋給顧客」，倆人站穩腳步、穩扎穩打，規劃在未來找網紅合作代言宣傳，期許能拓展店點、擴大規模。

對於創業，黎宥希與林欣儂一致認為單打獨鬥太過辛苦，如同他倆，一人熟稔皮膚紋理並負責臉部保養，另一人則負責身體調理，倆人各司其職、共享各自的優勢，也能夠互相照應；從事美業並不容易，「熟能生巧」是不二法門，倆人說道，若能擁有專業知識、穩定技術，再搭配上良好的服務品質，那不論是何種創業，相信成功就近在眼前了。

#B 珞蕾爾美學概念會館
商業模式圖 BMC

重要合作

- 美材行
- 美容美體師
- 購物平台

關鍵服務

- 耳燭
- 美容美體、經絡舒壓
- 孕婦、泌乳按摩
- 臉部保養、美容護膚
- 清理粉刺

核心資源

- 皮膚重建認證
- 孕期按摩專業認證
- 身心芳療認證
- 美容美體技術
- 皮膚管理課程

價值主張

- 秉持著「專業、品質、有效」三大面向回饋給每一位顧客。擁有四大完美危肌管理療程系統，讓肌膚透過「養護→重建→再生」的方式，恢復為您原本期待的亮麗肌膚。

顧客關係

- 個人協助

渠道通路

- Facebook
- Instagram
- 官方網站
- 購物平台
- 新聞媒體

客戶群體

- 愛美的人
- 注重肌膚保養的人
- 注重調理的人
- 想放鬆的人
- 孕婦

成本結構

原物料、行銷成本、營運成本、設備維護、人事成本

收益來源

服務費用

#C | 創業
筆記

- 要走得比消費者前面，才能將最新的資訊回饋給顧客。

- 「熟能生巧」是不二法門。

- _____

- _____

- _____

- _____

- _____

- _____

- _____

#D | 影音專訪 LIVE

珞蕾爾美學概念會館

04-2463-1377

www.lorreier.com.tw

台中市西屯區福林路 381 號

樂勁 Spirifit

樂於運動、勁在健身！

張雅玲，樂勁 Spirifit 的負責人。從選手到自由教練，張雅玲擁有多張教練及指導員的認證，在心底深處她一直懷有一個創業夢，她希望將運動後的療癒感帶給大眾，於是創立健身房，提供舒適、溫馨的訓練空間，幫助大眾從運動開始建立更好的體態及亮眼的自信。

開幕照

被時間追著跑的日子

運動員出身的張雅玲，卸下選手身分後就轉往健身教練發展，擔任自由教練的日子裡幾乎每天都早出晚歸、沒日沒夜地授課，曾經一天連續久達十三小時的授課工作時間，課間的休息時間除了用餐也無法好好放鬆，這樣的模式讓張雅玲的生活失去品質，她想讓生活更穩定、不想再因為工作東奔西跑，創業的念頭油然而生。

然而，踏上創業一途才知道一切不如想像中順利，選定店面後遇到出爾反爾的房東，原定十月就要開始營業的店面，直到九月底才真正簽下合約，張雅玲只好加緊腳步，僅用短短兩周的時間就將所有的器材搬運且組裝完畢，為了省成本，她一邊上課、一邊用課間的時間進公司粉刷油漆，每天披星戴月、忙到三更半夜，好在一波三折後終於塵埃落定。

簡約無須贅飾，讓人卸下壓力的空間

張雅玲認為現代人在職場上的工作壓力大，常常感到壓抑且不快樂，她希望學員能在工作時間外來到她的健身房，運動就像一趟治癒課程，透過運動得到放鬆並在其中獲得成就感，因此將公司命名為「樂勁 Spirifit」——象徵著在運動中感到快樂、重新獲得衝勁；樂勁以「FLOW」的概念

走類似運動工作室的風格，一樓營造溫馨的空間感，常讓人誤以為是美容工作室，二樓則是主要的上課場地，整體空間寬敞且整潔，在運動時能感受到舒適感；兩個樓層、不同的風格做出差異性，同樣都讓人感到放鬆、毫無拘束，即便下了課仍會想在這裡多待上一會兒。

有別於坊間大型的連鎖健身房需要繳交會費，樂勁則是單純只有課程的收費，多是一對一或一對二的課程內容，像是筋膜放鬆、運動按摩、TRX、壺鈴、舉重、增肌減脂等功能性的訓練，館內除了基本配備與設施以外，沒有高級的三溫暖或淋浴間，反之，風格偏向簡約路線，張雅玲

1. 銀髮族體能課程
2.3.4. 一對一上課狀況

說道，雖然僅收取課程的費用會比收取會籍的費用來得高一些，但她希望能著重在教練上課的品質與學生的需求，教學內容較精實且重視細節，學員的改變與成長速度也就會有感地提升。

從幼兒到老年，適合的課程都在這

樂勁的學員年齡層相當廣泛，從幼兒體能到高齡七十歲的銀髮族體能皆有，因此空間置入的器材項目亦較為細緻，設備的量級會有較輕的公斤數，像是一般競技壺鈴大多從八公斤起跳，而館內則還添購了四公斤與六公斤的量級，槓鈴也分成男槓與女槓及技術槓，讓學員有更多的選擇，張雅玲提及，許多健身動作若突然增加太多重

量，不僅學員無法達成也可能造成運動傷害，因此她思考周全，在購入器材時考慮得完善且細膩以因應不同條件的學員。

除此之外，樂勁也與物理治療師合作，依照學員的身體狀況調節訓練的課程內容，尤其學員大多以銀髮族為主，所以她並不會特別要求學員改變飲食習慣，這反倒讓高齡的學生感到痛苦甚至會更排斥運動，他們的身體相當敏感，更需要伸展、筋膜放鬆等的輔助性訓練；張雅玲認為教學不僅是會「教」，當學員做不來或無法理解時，「引導」才是教練的職責所在，也因此「換位思考，耐心教學」是她的教學守則，沒有壓力、循序漸進地學習才能將動作做得更扎實，因為她希望帶給學員的是充實且值回票價的課程，並培養高齡學生在家也能自主訓練的習慣，她笑言學員也常常偷偷地抱怨：「動作看似輕鬆，但做起來都很累！」言語之間足見彼此間的好情感，少了制式化、利益化的師生關係，多了彼此的互動與交流，更增添了真摯的暖意。

昇華成好友的師生情誼成就拼湊中的夢想藍圖

有了多年的教練經驗，學員因為長久以來積累的信任感有了相當的黏著度，也使得張雅玲在身分轉換成創業家後仍舊累積許多忠實的學員，彼此

的關係猶如朋友一般緊密，她曾陪伴學員走過流產、建立運動養身習慣、再度懷孕到順產的歷程，甚至還陪伴學員水中生產，張雅玲說道，不僅授課、也參與了學員的人生大事，彼此的情感早已超越師生情誼，更像是知音好友。

說張雅玲是苦過來的教練一點也不為過，因此她對於旗下的教練理該十分上心，她給予教練高抽成的獎金，但嚴格限制教練的課堂數，就是擔憂超荷工作量會降低授課品質，也希望員工有多一點時間與動力進修與自主訓練，同儕間能彼此交流、培養溝通與領導能力；未來，張雅玲亦規劃在公司營運趨於穩定後增設團體課程，而目前場館的空間與器材的設置都足以應付團課的人數，因為這一步也早已在她的夢想藍圖裡鋪成，更再再證明了張雅玲對於運動的熱愛與絲毫未滅的衝勁。

乾淨寬敞的空間

#B 樂勁 Spirifit
商業模式圖 BMC

重要合作

- 健身教練
- 物理治療師
- 老人機構

關鍵服務

- 一對一、一對二私人教練課程
- 運動按摩
- 銀髮族運動、幼兒體能
- TRX、增肌減脂
- 孕婦及產後訓練

核心資源

- 整潔舒適的訓練空間
- 訓練課程

價值主張

- 擁有更好的體態及亮眼自信就從運動開始，過程中重要的是一個隱私的空間，而非人來人往的吵雜，專門的私人教練客製化指導，而非固定課程的通泛作法，只有精準打造您體態目標的專業。

顧客關係

- 共同協助

渠道通路

- 實體空間
- Facebook
- Instagram

客戶群體

- 銀髮族群
- 兒童
- 喜歡運動者
- 欲培養運動習慣者

成本結構

人事成本、營運成本、設備成本、行銷成本

收益來源

課程費用

#C | 創業筆記 ✍

- 教學不僅是會「教」，「引導」更是身為教練的職責所在。

- 換位思考，耐心去做！

#D | 影音專訪 LIVE 📹

我獨角創業，
UNIKORN
NI ORN
ORN
ORN

樂勁 Spirifit

• LIVE ▶

fb.com/SpirFitness

臺中市南屯區大英街 22 號

Souls Fitness 覺醒健身

覺醒你的身體，從建立正確健身觀念開始

張豐麒（Cheng），Souls Fitness 覺醒健身的店長，曾在大型連鎖健身房累積多年的健身教練及主管經驗，卻發現自己自己對於健身產業愈來愈有自我的想法，在在未來之路上他決心自立門戶，秉持著忠於助人、不畏挑戰的心，開啟了自己品牌及團隊之路，希望將好的經驗與理念傳承延續下去。

憑藉自身力量，堅持做對的事

非相關科系出身的他，對於想從事健身教練，想了六年、面試應徵三年，終於開啟了他的健身教練之路，而到現在 Cheng 已有十年的產業經驗，原本任職於大型連鎖健身房，一路從健身教練做到主管，因為自己對於健身產業越來越有想法，他向公司提議統整內部以及增加員工教育訓練，希望能改善教練素質，但因公司的考量較多，Cheng 也明白自己的信念與公司的考量有所不同，他開始思考著是否能開創另一條道路，他依然想繼續從事健身產業，但也想憑藉自己的力量闖蕩，於是心一橫 Cheng 便決定離開，並開始尋找自己想要的團隊自立門戶。

Cheng 創立「SoulsFitness 覺醒健身」開啟他的創業之路。身材壯碩魁梧的 Cheng 其實擁有相當細膩的心思，幫助別人——就是他踏入健身產業的初衷，他認為績效固然重要，但更重要的是相信我們而來的會員想要的改變，Cheng 最在意的是：顧客想要什麼、需要什麼、適合什麼，並透過諮詢給予顧客有用的資訊。

先體驗、再決定，無人可以打破規則

健身產業一直是競爭激烈的紅海市場，大多健身房會選擇發放傳單、投放廣告的宣傳手法，或是大量招收會員、釋出優惠方案等等銷售手法以增加績效，而對於消費者而言往往只是在比價，很可惜的是沒有辦法提前得知裡面想要的資訊內容；已積累多年產業經驗的 Cheng 想要用不一樣的方法，他希望能夠真正地打入消費者的心坎，有別於坊間健身房多數都是先加入會員才能體驗教練課程，Cheng 訂下覺醒健身的原則——「沒有上過體驗課，不售教練課」，顧客上完體驗課後不一定得加入會員、也無須額外收費，只需要教練課程的學費，讓顧客可以先了解課程、再做抉擇。

為了體恤畏懼到現場參觀的消費者，覺醒健身亦提供線上諮詢，不需要到現場就可以了解方案，不僅省時也不擔心到現場因不好意思拒絕而被推銷，而針對實際來到現場的顧客，也開放參觀空間的器材設備，Cheng 很願意給予建

議，教導消費者如何開始運動、如何進行初步的規劃等等，有助於消費者做好開始運動前的健全準備，也常在他個人的社群網站分享著專業資訊，讓人更進一步的了解資訊。

Cheng 明白上健身房對於大多數人而言並非一筆簡單的費用，因此也提供了短期合約或是健身票券，且在別間分店也可以使用票券，他給予顧客很大的彈性空間，可以不被長期合約束縛，也可以自由地選擇在分店體驗或運動，且無需再額外收取費用或升級方案；Cheng 設身處地為顧客著想，為的就是將顧客的需求如實呈現。

一波未平、一波又起，差點夭折的創業夢

而創業並不如想像中美好，一路上遇到的波瀾更是不勝枚舉，提及最刻骨銘心的挑戰，Cheng 說道，創業初期前後原本有兩組合夥伴，但彼此之間達不到共識，即使磨合了長達八個月最終依然不歡而散，Cheng 的目標不只是健身工作室、而是健身房，可想而知負擔的營運成本之高，除此之外還有種種繁瑣的事項，都只能自己了解、獨力完成；對於 Cheng 而言，創業可以說是孤注一擲，他投入全數的資金，

身上近乎一無所有，加上兩個孩子還小，偌大的經濟壓力及陪伴家庭的時間壓力，讓他長達將近兩年幾乎每天失眠，也因為初期的合作夥伴解散，加上資金尚缺一些，最後在家人的金援下，才得以讓健身房順利開業，並且重拾信心堅持下去重返戰場。

原以為健身房開幕後情況會否極泰來，但緊接而來的是消費者對於甫創立的品牌信任度不高、營收不如預期，連帶員工的信心也大幅降低，好幾位健身教練接二連三的離職，不過種種不被看好的眼光反倒讓 Cheng 更堅定意志，「最苦的時期都拼過來了⋯⋯」他告訴自己，為了留下來的教練群，他深知自己有義務、也必須扛下責任讓員工有好的發展，Cheng 對於願意信任自己的夥伴感激之情溢於言表，所以儘管苦但他一秉初心、目標始終堅定。

回饋社會、分享才能、傳承延續

Cheng 不諱言，身為家中么子的他從小就常讓母親傷透腦筋，創業當老闆不僅是為了能用自已的力量改變產業，也為了出一口氣、證明給母親看，他已經不是當年的問題小孩，在創業的過程中，也因為太太意志堅定的支持，覺醒健身已逐漸趨於穩定，為了讓妻小過上更好

的生活，如今也已拓展第二間分店，Cheng 亦開始回饋社會，他認為賺錢不只是為了自己、也是為了付出，他與公益團體合作已逾一年，每月皆會固定捐贈幫助弱勢團體，也計畫與更多元的慈善機構合作，Cheng 說到：「我很確定我會一直做下去，我很感謝上天給我這些力量去幫助別人，而幫助別人是用金錢都買不到的成就。」他認為用自己盈餘的收入幫助別人是最有成就的事。

未來，Cheng 希望能開創更多元的內容，像是線上視訊課程，也期許能創立更多分店，甚至擴點至外縣市，讓更多家人朋友不僅能就近運動，也可以感受及享受到這裡的專業服務，Cheng 明白他將會迎來更多的挑戰，而壓力也逐漸轉換成成長的動力，因為動力會使自已在成長過程樂在其中，才有能力將才能分享出去，他更希望的是，能夠將好的經驗及理念傳承下去，不論是想從事健身產業的後輩、想運動的朋友、想攝取健身資訊的朋友，他都很樂於分享，因為 Cheng 深信每個來到健身房的人背後一定都有動人的故事，他也希望將這些成長改變的故事分享給更多人，讓他們能感受到這份感動及溫馨因而踏上一起成長之旅。

#B | Souls Fitness 覺醒健身
商業模式圖 BMC

 重要合作

- 健身教練

 關鍵服務
- 體驗課程
- 私人教練課程
- 線上運動諮詢

 核心資源
- 專業證照
- 多年教練經驗
- 不綁約票券方案

 價值主張
- 決心一改以往健身房不惜為了績效而要會員買課的亂象，培養一群擁有正向心態且樂於助人的教練，將健身產業及教練專業「重新覺醒」！

 顧客關係
- 個人協助

渠道通路
- 實體空間
- 官方網站
- Facebook
- Youtube

 客戶群體
- 想健身的人
- 不了解健身的人
- 想改善體態的人

 成本結構

人事成本、行銷成本、營運成本、設備成本

 收益來源

會員收費、課程費用

#C | 創業
筆記

- 可以用自己盈餘的收入幫助別人是最有成就的事。

- 有壓力才會有動力，才有能力將才能分享出去。

- _____

- _____

- _____

- _____

- _____

- _____

- _____

- _____

#D | 影音專訪 LIVE

Souls Fitness 覺醒健身

04-2202-0506

https://www.soulsfitness.com

台中市北區中清路一段 100 號地下室 1 樓

#A

STAR 美語補習班

LET'S START！原來美語可以這麼好玩！

余昕芯（Star），STAR 美語補習班的主任，傳承父親經營之幼稚園，並將其轉型為美語補習班，延續父親的經營理念「快樂學習」，以繪本、遊戲及歌曲等方式「玩」英文，希望孩子在全美的環境中循序漸進地培養聽說、讀寫能力，讓孩子真正愛上美語。

《跟著 Star 玩美語 SUMMER CAMP》—大自然與藝術

繼承父親家業，轉型重新開始

由於父親經營幼稚園的緣故，自小就浸濡在教學環境裡的余昕芯對教育亦懷有相當的熱忱，因應時代趨勢變換，父親欲改變幼稚園型態，正好那年余昕芯自英文相關科系畢業，父親便讓她嘗試在幼稚園負責美語教學，余昕芯也以此作為起點開啟了創業之路。

對於美語教學余昕芯很快地就上手，父親便順勢將幼稚園轉型為補習班，並創立新品牌——「STAR 美語補習班」，余昕芯以自己的英文名命名，以自己為首做第一線教學，父親也退居幕後掌管財務細項。

快樂學習，不再被進度追著跑

余昕芯認為孩子的學習要以常規為主、不需學太多才藝，她明白孩子的注意力大多僅能集中約莫二十分鐘，太長的上課時間反而事倍功半，有別於坊間一般的補習班一週上兩到三天課、每堂課費時一個半到兩個鐘頭，STAR 美語則是週一到週五每天都上一個鐘頭的課，每天皆用不同的教材上課，且確認每個學生都學會了才進行下個課程，不為了趕課程而做填鴨式教育，不趕進度、不用每天考試，讓學生自然而然講美語。

對於教育，余昕芯與父親堅持同樣的理念——「快樂學習」。她將來到 STAR 美語的孩子們略分為兩種：一是從沒接觸過美語的孩子，二是在別間補習班因為考試及課業多而學習得不快樂的孩子；不論孩子的背景為何，余昕芯會先與孩子建立關係，協助他們與班上學生融洽相處漸而建立起自信，並以繪本、遊戲及歌曲的方式引導孩子，並告訴他們：聽不懂也沒關係，就像學中文

一樣每天講慢慢地就會懂了；余昕芯在課程中創造出全美的教學空間，營造出就像在國外上課一般的氛圍，讓孩子們感受到以美語為主的環境，從聽說能力開始培養，再到讀寫能力的建立，循序漸進地學習。

拋下擔憂、突破心魔

STAR 美語的教學方法及理念與一般傳統補習班大相逕庭，余昕芯坦言其實一開始對於每天都要上課也很擔憂，許多家長對於此模式也不太認可，認為美語不需要每天都補習，全美的教學環境也難聘請教師，大大增加了余昕芯的備課時間，最初團隊只有她及續任的幼稚園園長倆人，處理行政櫃台庶務、接聽電話、接送學生等繁複事項全都攬在倆人肩上，身兼多職的狀態對於初出茅廬的她而言是一大挑戰，余昕芯憶及，起初還不太會危機處理，甚至因為過於忙碌而疏於關心身體不適的孩子而被家長訓斥。

儘管如此，余昕芯深知自己是在做對的事情，她勇於突破自己的心魔，盡心盡力讓家長理解、與他們培養觀念，也每週打電話給家長，與他們分享孩子在班上的學習狀況，每天的教學課程拉近了與孩子間的距離，與孩子積累的感情及默契也延伸出安親班，讓孩子可以在補習班做完學校的作業，減輕家長的負擔；隨著第一批學生畢業且全數選讀英文相關科系，家長亦開始認同余昕芯的教學成效，對於 STAR 美語的正向評價亦紛至沓來，甚至有家長反饋孩子變得喜歡開口說美語、唱美語歌、背單字，由內而外真正地愛上美語。

穩紮穩打，不求走快、只求走遠

STAR 美語就座落在沙鹿國小旁邊，孩子放學後走路即可到達補習班上課，教學環境除了有質感以外亦相當安全，至今也已邁入第十個年頭，從一開始只有倆人忙到分身乏術，到現在連同余昕芯的弟弟也加入教學，團隊亦在逐漸成長茁壯中，她希望教師與孩子可以一起成長，雖然無法神速進步，但打好基礎、增強底蘊，慢慢走可以走得更穩定。

「每天做自己喜歡的事就不會覺得累」余昕芯說道，縱使一開始講台下的學生不多，還是要把課程題材做到最好，也許是身為教師的使命感，余昕芯對於教育的熱忱至今仍然絲毫不減，家長的認可就是余昕芯往前邁進的動力，因此她用心經營粉絲專頁及社群帳號，與家長更緊密的連結及溝通；一畢業即開始闖蕩創業的她也曾自我懷疑，余昕芯說到：「堅持自己的理念，一直往前就對了！」她相信她給孩子的是最好的，儘管跟坊間補習班有所不同，但她不在意外界的眼光，因為余昕芯知道這就是她與眾不同的特別。

1.《Star 美語聖誕薑薑好歡樂派對》─薑餅屋製作
2.《跟著 Star 玩美語 SUMMER CAMP》─氣球變變變
3.《跟著 Star 玩美語 SUMMER CAMP》─空氣玩科學
4. 幼兒美語繪本課
5.《跟著 Star 玩美語 SUMMER CAMP》─前進恐龍展

#B | STAR 美語補習班
商業模式圖 BMC

 重要合作

- 美語教師
- 教材製作

 關鍵服務

- 全美補習班、冬令營
- 幼兒、兒童美語
- 幼兒美語啟蒙班
- 字母兒美班、全美繪本
- 節慶活動
- 全民英檢保證班

 核心資源

- 專業師資
- 繪本

 價值主張

- 讓孩子在全美的環境中，從聽說培養開始建立、再到讀寫，循序漸進，以及帶入英文繪本、歌曲並用遊戲方式來讓孩子們輕鬆「玩」美語，激起學美語的興趣。

 顧客關係

- 共同協助

 渠道通路

- 實體場館
- 官方網站
- Facebook

客戶群體

- 幼稚園
- 國小生
- 準備考英檢的學生
- 準備會考的學生

 成本結構

師資成本、營運成本、教材成本、活動成本

 收益來源

學生學費

TIP1：每天做自己喜歡的事就不會覺得累。

TIP2：堅持自己的理念，一直往前就對了！

#C 創業筆記

成立時間：2010/07/02
團隊人數：5

Q 開發 / 溝通過程什麼事情發生最令人害怕？

A 一般家長一開始都會質疑孩子是否有辦法在全美的環境中學習，有些家長會很急著看見孩子的成果，回家都會問孩子學了什麼，但因為我們都用全美上課，孩子們當然無法完整表達出上課內容，這時就很需要跟家長溝通，需要家長的信任學習的成效也是需要時間的。

Q 短期內還有什麼需要補進來的關鍵角色嗎？

A 現今美語補習班比比皆是，但大多都是偏向考試寫作，這些不僅會給學生帶來恐懼更會讓他們厭煩，因為我們一直主打著快樂學習，希望家長能讓小孩在小的時候就能先接觸到英文在學習過程中愛上這個語言，也因此我們希望能補進能唱能跳能教，專業又具備童心的英文老師。

Q 目前該服務的獲利模式為何？

A 教育是沒辦法用金錢衡量的，我們只希望來我們這邊學習的孩子能把所學發揮到最大，用於日常甚至將來用在工作上，只要未來對於他們有幫助對於我們就是最大的回饋。

#D 影音專訪 LIVE

STAR 美語補習班

04-2662-0000

fb.com/Ilovestarenglish

台中市沙鹿區中正街 9 號

一點藝思創意工作室

以「藝術 X 設計」為品牌價值，主要為企業建立 CIS，將企業文化、經營理念、企業行為等透過設計系統化地呈現，設計涵蓋的領域相當廣泛，舉凡 logo、名片、包裝、菜單、賀卡、制服等，只要能印刷出成品就是一點藝思的服務範疇，甚至推出年費方案，讓企業能以不高的價格得到整年的服務，落實「永遠站在客戶的角度設想」的經營理念。

臭灶腳—東寧店

顛覆大眾認為麻辣鴨血湯頭易口乾舌燥的印象，湯頭不添加人工調味粉及火鍋料，口感溫辣但不膩，以中藥材及蔬果熬製而成，並選用富含多醣體的菇類可增加人體保護力，以「提供健康餐點」為宗旨讓顧客吃得開心又安心，以綜合煲、鴨血煲、豆腐煲、純素豆腐煲為四大招牌，顧及各種客人的喜好，大腸、滷肉飯等附餐亦大受客人青睞。

Sun Kids 童裝

為了兼顧事業與家庭而投入創業。Sun Kids 是一間高貴不貴的店，「平價、流行、品質」是三大重點，讓孩子可以得到平價又不失時尚的衣服，每件衣服都是老闆娘親手挑選適合的質地，幫家長把關童裝的品質，除了販售童裝，不定期也有褲襪、髮飾等配件，並以直播的方式拉近與顧客的距離，是間充滿溫暖、親切、一心只為孩子好的童裝店。

喜式婚禮顧問

「從心做起，用新款待」。承辦攸關婚禮的一切舉凡求婚企劃、婚禮顧問、婚禮主持、婚禮布置、婚禮攝影、習俗諮詢、表演樂團、新娘秘書、舞台燈光音響等等完整的服務，盡心盡力達成新人的願望；將台灣特有的流水席與美式的花藝設計中西合併，保有傳統習俗兼具創新的風格，傳承台灣的辦桌文化，陪伴新人走過最幸福難忘的時刻。

百安生物科技

百安生技以「科技中醫」為經營方向，獨特且創新的中醫奈米用藥可以降低苦味、減少體積，方便攜帶且保持原有療效，盼藉此協助中醫轉換科學化，將結果量化、圖像化的數據顯現，患者更容易理解與接受，並從養生保健的食補起步，首推「四物巧克力」主打女性市場，並計畫陸續推出家庭套組，如同公司名一般讓「百姓都能安心使用」。

銓錯國際

抱持著改變生態圈的遠大抱負而創業，並在 2012 年成為 AWS 的合作夥伴；秉持著「站在客戶角度思考、深入產業痛點、提供最適切的解決方案」的服務精神，以「成為客戶信賴的最佳夥伴」為經營理念，提供雲端服務、地端機房服務、資安防禦、顧問服務等數位服務，盼能透過一站式的服務將台灣推向國際，向世界推廣台灣人才強大的軟實力。

NIKE

 BMC（範例）

重要合作

- 製造商
- 運動科學研究機構

關鍵服務

- 產品設計與研發

核心資源

- 品牌知名度
- 智慧財產權

價值主張

- 創新、品質。
- 「每個人都可成為運動員」。

顧客關係

- 主動購買
- 客製化鞋款

渠道通路

- 實體店面
- 二手精品店
- 連鎖店
- 電子商務

客戶群體

- 全球市場
- 任何想買運動服飾、鞋類、設備的人

成本結構

倉儲管理、行銷成本、行政庶務

收益來源

產品售出收益

我 創 業， 我 獨 角 （練習）

設計用於 _____ 設計人 _____ 日期 _____ 版本 _____

重要合作

關鍵服務

核心資源

價值主張

顧客關係

渠道通路

客戶群體

成本結構

收益來源

Chapter 5

#A

無痛手療教學中心

用最柔和的手法，好好地「整治」你！

黃木全師傅，無痛手療教學中心的創始人。因不忍母親飽受中風之苦，於是開始跟著老師傅們拜師學藝，再自行整合各門派的特色及專長，爾後與幾位師傅一同研發出別具一格的「無痛手療」，期許將技術推廣上國際舞台，為下一代的醫學貢獻一分心力。

無痛手療教學中心環境照

發心學醫全是為了母親

黃師傅從小就對醫學、佛法及武術懷有相當濃厚之興趣，因為不忍中風的母親飽受病痛所苦而發心學醫。雖然他一心想治療母親，卻又擔憂患病的母親無法表達痛感，加上自己的太太也是個怕痛的人，他不禁思考到：「人在調理身體、做整復療法的時候，有沒有辦法將痛感減到最低呢？」，受到生命中最親密的兩位女人的啟發，黃師傅整合以往所學，與十三位師傅一同創立了「無痛手療」，讓老弱婦孺都可以接受，期能造福更多人。

傳統療法一直是百家爭鳴，經驗豐富的黃師傅曾接觸過十三個門派的傳統療法，每個門派皆有其專長及特色，有的專精於肌肉放鬆、有的專精於整骨或推拿，其中「顧薦醫學」是黃師傅感到最奧妙也最艱深的一派，主張從薦椎的整平及頭部筋膜的調整透過肌肉筋膜的傳導以矯正整條脊椎。黃師傅說道，人體有很多點是相互對應的，並不是直接在痛點做工，而是利用傳導，不論是脊椎下陷、滑脫、左右偏移或突起，只要點的方向正確，都可以透過頭部筋膜的調整傳導使其恢復並舒緩不適。

不是痛才會好，最溫和、最安全的醫術

無痛手療致力於尋找最舒服、最溫和的手法，打破傳統療法「痛就是有效」、「會痛才會好」的框架。黃師傅認為整骨不是看學位的高低，而是一項醫學技術，並非紙上談兵，而是要了解整個人體的關節、肌肉、肌肉外層的筋膜及神經，且對於痛點不能使用蠻力。在整脊過程中肌肉的放鬆最為重要，也因此有「整骨要先鬆筋」一說，不能硬推、硬壓、硬揉，因為肌肉之所以會痠痛都與神經息息相關，只要把神經的結打開就可以解決病症。

而脊隨、骨頭與神經是連動的，當大腦下達指令後，需透過脊髓與神經傳達及指揮動作。顧薦醫學的好處不僅止於矯正痠痛，它更可以徒手美容。黃師傅提及好幾個案例：有因為車禍下巴歪斜的，也有眼袋重及單眼皮的案例，甚至有因為

1.2.3.4.5. 無痛手療過程

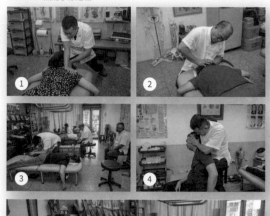

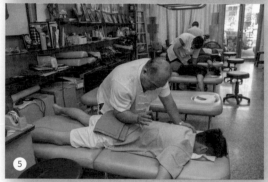

鼻中膈歪掉連帶鼻腔乾澀而過敏的案例，都可以藉由手療減緩狀況，讓不正的臉回復正常比例，減輕眼袋，單眼皮變為雙眼皮，不需要求助醫美動輒花費十幾萬，輕柔的手法將疼痛感降至最低，不需動刀亦增加安全程度，且成效卓著，療程快速不須太長的恢復期。

中西醫各有千秋，中西合併才是最好

最初黃師傅是從美式整脊開始，一路從脊骨神經醫學手法到最完整也最複雜的顧薦醫學，雖然一路學習傳統療法多年，但為了讓整骨整椎更得心應手，黃師傅甚至養成了練氣功的習慣，黃師傅多年來的功力也在他結滿了繭的雙手中可見一斑。

黃師傅直言現代社會對於傳統療法仍不甚友善，政府對於傳統療法仍有許多法規上的箝制，整骨並沒有被視為正規的醫療體系，也導致許多上門求助的顧客無法得到健保的保障。他不否認現代醫學技術進步，西醫有核磁共振、電腦斷層、X光等醫療設備可以做詳細檢查，也有論文及學術報告可以公開探討，西醫固然有它的好，但整骨醫學也有許多西醫無法達到的療效，黃師傅認為，不論中醫、西醫或整骨醫學都不是最完美的，要能中西合併、截長補短，能看的深遠、整合起來才是對患者最好的，而不是關起門來自吹自擂。

辛苦不算什麼，助人的快樂成就往前的動力

無痛手療對黃師傅而言並非只為了賺錢，而是能感受到助人的快樂與意義，看到許多原本走路不方便、無法工作的患者，經由他的診療後漸漸恢復成健康的人，不僅幫助到患者本人，也間接幫助到一個家庭回正軌，甚至有許多患者為了感謝黃師傅而親自送花、蔬菜、水果到店裡，種種的反饋都是他繼續往前的動力，「助人得到的回饋是很溫馨的」黃師傅說道，身為虔誠佛教徒的他，希望可以持續效法福智精神，懷著救世的宏遠目標繼續推廣無痛手療。

黃師傅學醫已有三十餘載，無痛手療也已實行了十年有餘，他曾為一兩百位醫師整骨，也有多位醫師推廣此項醫術，甚至有遠從加拿大、美國、馬來西亞、新加坡的醫師來向黃師傅學習。整骨的技術博大精深，它是需要長期修行、累積多年才能習得的醫術，黃師傅說道，現在學習不再像以前只能跟在師父旁邊看，他也將教學系統化及影像化，讓學生能夠錄音、錄影回家再自主練習，課後也可以留下來看他用所教的手法為患者治療，更能有機會在患者身上實踐課堂上學到的技術，透過理論與實踐併行的方式加速學員的學習速度。

而現在，黃師傅的兒子也在自家矯正中心擔任物理治療師，倆人共同經營，希望透由技術傳承、中西合併，將傳統療法與現代物理治療整合，為患者帶來更全面的體驗，黃師傅更盼望可以得到政府的正視及推廣，將整骨醫學推向世界舞台，為下一代的醫學出一點力量，讓更多族群得到最溫柔的醫療幫助。

 #B | 無痛手療教學中心
商業模式圖 BMC

 重要合作

- 物理治療師

 關鍵服務

- 脊椎矯正
- 病理推拿
- 醫學氣功
- 經絡理療
- 腳底按摩
- 無痛手療教學

 核心資源

- 無痛手療技術

 價值主張

- 創始人黃木全老師因中風的母親深受病痛所苦，遂發心學醫，至今已逾三十載，秉持學海無涯的精神不斷學習與研發而後整合並創立「國際無痛手療」。

 顧客關係

- 主動前往

 渠道通路

- 實體空間
- 官方網站
- 媒體報導

 客戶群體

- 癲癇患者
- 類風溼性關節炎患者
- 紅斑性狼瘡患者
- 五十肩患者
- 骨刺患者
- 痛風患者
- 各種中風後遺症者
- 手腳麻痺或無力者
- 學徒

 成本結構

技術人力成本、營運成本

 收益來源

診療費用、教學費用

#C | 創業筆記

成立時間：1993/06/06
團隊人數：5

- 無論何種醫學都不是最完美的，要能看的深遠、整合起來才是對患者最好的。

- 助人得到的回饋是很溫馨的。

- _____

- _____

- _____

Q 主力產品的重點里程碑是什麼？

A 這是救人的善心事業，創始人的理念是希望能將這套醫術廣傳到全世界，讓世人能減少各種酸痛與慢性病的困擾。

#D | 影音專訪 LIVE

無痛手療教學中心

https://taiwan.shop1688.com.tw/
aom20200929039/index.html　04-2335-2177
台中市烏日區溪南路一段 386 號

#A

石桌・小茶王

喝得順口、聞得到清香，讓你無法找碴的好茶

石桌
STONE TABLE

王幸紫，石桌・小茶王的創辦人。從小看著父親在自家的茶莊忙進忙出，從採茶、製茶到出貨的過程繁縟且費心，其中的辛苦與堅持她都看在眼裡，她決定以父親的茶莊為背景做產業轉型，希望打入年輕人的市場，讓大眾都能喝到最純粹、在地的台灣高山好茶。

時間跟味道是重要的環節之一

自立品牌，為家中事業傳承與轉型

出身於美術科系的王幸紫，畢業後並未繼續往藝術方向走，她自認成績不出色所以對未來的方向仍是茫然未知、毫無頭緒，她憶及經營茶莊的父親，父親從事茶業已將近三十餘載，家中的茶園、茶廠、茶莊皆是父親一手負責管理，因此王幸紫從小就耳濡目染懂得喝茶及分辨茶葉的優劣，她對家中自產自銷的茶葉品質胸有成竹，於是她決定以家中的茶業為背景延伸自立品牌，除了帶領家中的產業走出來、打入大眾的市場，亦是一種傳承與轉型。

父親的茶莊名為「石桌茶莊」，於是王幸紫就順勢將品牌命名為──「石桌・小茶王」，一方面有傳承家中茶莊的意味，另一方面以小茶王稱呼自己，也象徵著自己會懷著初生之犢不畏虎的銳氣，為這個品牌帶來新氣象。

最純粹的高山好茶來自三十年的茶業經驗

而王幸紫也沒有浪費她的美術天分，她親手設計品牌，從瓶子包裝、茶包包裝、架設及經營社群平台皆親力親為，尚未有實體店面的石桌小茶王主要仍以網路販售為主，而王幸紫也會親自接單、外送並面交，不僅省下成本、也一展親和力，

王幸紫的用心及真誠亦可見一斑。

茶飲的市場龍爭虎鬥，市面上的飲料店比比皆是，茶葉的價格高低不等、品質也參差不齊，提及自家茶園，王幸紫說道，父親向來都相當注重茶園的管理，光是博大精深的種茶哲學，父親就花費近十年才熟悉箇中技巧；而有別於坊間的茶葉可能會為了降低成本而混茶，而石桌小茶王的茶葉是源自於南投翠峰海拔約兩千公尺純正的台灣梨山茶，從採茶、萎凋、炒菁、揉捻、乾燥到包裝全由父親的茶莊一手包辦，不使用農藥種植、不必擔心有毒物質殘留，品質及衛生都有經過 SGS 認證嚴格把關，且不添加任何一點水及香料，是連自家人也都相當喜歡的茶葉。

1. 日光萎凋，以前都在室外所以也叫室外萎凋
2. 炒菁
3. 浪菁，也叫大浪
4. 大浪後的靜置發酵
5. 炒菁後的初乾，控制濕度讓隔天揉茶比較好揉

由於王幸紫並不想如一般的手搖飲料店，供應的飲料種類目不暇給卻無法顧及每一項的品質，所以石桌小茶王目前的品項並不多，僅有綠茶、紅茶、深焙老茶三款基本茶，以及延伸出來的梨山烏龍綠茶、烏龍紅茶、鮮奶茶、老奶茶，以自家種植的茶葉再加以調配，比起許多有名氣且高單價的茶葉，石桌的茶葉種植地海拔較高、口感也較優質，喝起來順口且聞得到茶的香氣，儘管茶葉珍貴卻沒有趁機拉高價位，而是做成如一般飲料的便利包裝、走年輕化的路線，就是希望能將高品質的茶葉推廣給大眾，讓顧客以經濟實惠的價格喝到最純粹的好茶。

營運困境、酸言酸語都阻不斷我的路

王幸紫自畢業前即開始佈局攸關創業的瑣事，她認為自己的人際關係友好、口條與溝通表達能力也都尚可，於是決定從同儕開始拓展生意，初期同學與友人都相當熱情捧場支持，亦會幫忙宣傳及分享，口耳相傳下甚至連長輩也前來購買，因此達到超出預期的成效；然而隨著畢業季的到來、同學各奔前程後，沒有舊有客源、也沒有陌生客源的支撐，營收亦開始銳減，陌生開發成了王幸紫在營運上所要面對的課題之一，入不敷出的困境下她只好找兼職工作維持收入，卻也因此招來同事的酸言酸語，在言語間戲謔她身為老闆卻還要到處打工添補家用，種種的挫折讓王幸紫身心俱疲，但她明白「沒有孤獨就無法有所成就」的道理，愈是挫敗、愈要堅持。

雖然石桌小茶王是以家中事業為出發點，但兩邊的業務其實互不相干，父親的茶莊僅是茶葉供應商，但品牌皆是王幸紫獨自打理，儘管茶葉已有穩定的供應源，王幸紫為了瞭解整個製茶流程，仍會在工作之餘跟著父親一同上山製茶，她說道，每次上山都是一趟學習，且行且學習、在每次的體驗中也更加堅信茶葉的品質之優良，亦更堅定想要推廣自家茶葉的心志。

順其自然、腳踏實地，目標成立實體店面

目前石桌小茶王尚未有實體店面，客人主要在社群平台預約下單，為了增加曝光王幸紫亦積極參與市集活動，一路上也遇到許多顧客的理解與支持，縱然甫創業尚未引起太多的迴響，但每個正面的評價、每筆訂單都是一份支持，「顧客願意再次回購就是最大的肯定」王幸紫說道。

「想要擁有一間屬於自己的店面」是王幸紫最主要的目標，她也會循著這個夢想邁進，並規劃與民宿、餐飲商家或公司行號合作寄賣，供應茶飲進駐在各式商家，不僅宣傳品牌，更重要的是能讓更多的人喝到好茶，保留傳統茶行的風味同時吸引年輕族群的光顧。

王幸紫提及，曾有前輩對她耳提面命：「錢要慢慢賺才會賺得快」，如今她才終於懂得箇中道理，她明白自己年紀尚輕、還有待琢磨，在創業這條漫漫長路裡，不貪快、不躁進才能走得長遠，就如同烏龜哲學一般「慢慢走、才是快」，因為她知道創業不比快、而是比長久。

#B 石桌・小茶王
商業模式圖 BMC

 重要合作

- 森光・材木店
- Uber-eats
- Line pay
- 蝦皮拍賣
- 來窩・warm stay 民宿

 關鍵服務

- 冷、熱茶包
- 各式台灣高山茶
- 活動開幕飲品
- 各行業飲品合作

 核心資源

- 食品檢驗認證
- 不定期優惠方案
- 親自外送服務

 價值主張

- 傳承台南在地 20 多年的茶行，轉型成立新品牌。

 顧客關係

- 主動購買
- 異業結盟

 客戶群體

- 愛喝茶的人
- 愛泡茶的人

 渠道通路

- Facebook
- Instagram
- 外送平台
- 購物網站
- 市集活動

 成本結構

原物料、運送成本、包裝成本

 收益來源

產品售出收益

#C | 創業筆記 ✎

- 且行且學習。

- 錢要慢慢賺才會賺得快，不貪快、不躁進才能走得長遠。

- _____

- _____

- _____

- _____

- _____

- _____

- _____

- _____

#D | 影音專訪 LIVE

石桌・小茶王

0988-430-929

fb.com/石桌小茶王-100786198329967/

Instagram：stonetable2020

#A

茶執所

迷於風味、醉於好茶，茶職人的執著！

茶執所

邱清鈺與何賢章，茶執所的負責人。對於味道敏銳且有獨到見解的邱清鈺，遇上表述及行銷能力佳的何賢章，同樣愛喝茶的倆人一見如故，並決定攜手創業將茶業推廣給大眾，倆人各司其職、發揮長才，盼能整合資源、讓大眾更親近茶葉，感受喝茶的情趣與愜意。

泡茶是一種生活態度的展現；而泡茶方式千百種，風味也是

一同開啟舌尖的盛宴、風味的旅程

從兒時開始，邱清鈺就熱愛品茶，在往後十幾年的成長歷程中，他持續探索並培養對風味的敏銳度，而這份初心也成為日後成立茶執所的重要基石。大學時，直屬學長見到他追尋品味的熱忱，推薦他加入調酒社，在活躍於社團的歲月裡，他學習到組合與拆解味道的方式，退伍之後更與哥哥一起經營景觀咖啡廳，向甲級咖啡師學習咖啡的調製方法，讓他對於味覺的敏銳度又更上一層樓。

但即使經歷了調酒與咖啡的洗禮，邱清鈺還是最喜歡喝茶，在過去四年的大學生活裡，品茶始終是他生活中不可或缺的一部分，也許是這份初心一路走來始終如一的緣故，終於讓他的命運迎來了轉機。某日，咖啡廳來了一位從事茶農的顧客，對於邱清鈺熱愛品茶的態度印象深刻，便與他分享關於茶葉製程的相關知識，讓他對製茶這個產業有了更全面的認識。秉持著熱愛品茶的初衷，加上在調酒社及咖啡廳學習到的經驗，終於使他決心投入製茶產業，也踏上了研究風味的旅程。

而來自南投縣魚池鄉的何賢章，興許是故鄉所在地的緣故，家族十分重視泡茶文化、也對於茶品相當堅持，茶對他而言就是家鄉的味道，但離鄉背井的何賢章發現雖然茶品隨處可見，但真正能讓他感受到手沖茶溫度的茶卻很少。

就這樣，邱清鈺與何賢章在服役期間認識彼此，同樣愛喝茶的倆人相談甚歡，於是他們決定攜手創立「茶執所」——將「茶，是一種生活態度」的理念推廣給大眾，也象徵倆人對茶的品質及風味懷著一定的執著與要求的品牌。

各司其職、各展長才的倆人

一般大眾對於喝茶的既定印象似乎是「這是一門複雜、慎重且艱深的學問」，因此邱清鈺與何賢章希望可以用科學化的方式，以香味去分析並闡

1. 舒適的喝茶環境讓人靜心
2. 高山原始林，使茶葉香氣更純粹
3. 隱於大山中的製茶師，對風味呈現各有千秋。

述茶的香氣，讓品茶變得更平易近人。而為了拉近大眾與茶葉的距離、也為了泡得一手好茶，倆人一直在研究茶的沖泡方式、時間掌控及使用不同容器沖泡的差異性等，一直尋覓更好的方式，為的就是讓消費者明白，其實泡一杯好茶並不困難，更可以增添生活中的情調。

茶執所除了販售原葉茶包、茶葉禮盒及茶點以外，也與商家合作提供茶品及教學，為了讓茶農與茶廠可以無後顧之憂的專注於茶葉生產，身兼品味師與製茶師的邱清鈺，總是親自到產地參與製程，從原葉種植到茶葉販售的過程皆瞭若指掌，何賢章則負責他所擅長的行銷及商品攝影，倆人各司其職，力求呈現給消費者最好的品質與樣貌。

不斷精粹、才能突破

「風味是個很玄的東西，如果只執著在特定面向的話，對它的認知就會很狹隘。」邱清鈺認為，影響茶葉的品質，最重要的關鍵在於茶園管理、茶葉的製程、沖茶水質、茶壺，為了更精進自己製茶的功力及控管茶葉的品質，除了接觸產地與製茶老師傅以外，也持續參與各式的製茶師比賽來增加經驗，倆人更在去年認識到專精於烏龍茶的製茶師傅，不僅引領他們深入探討製茶領域，更帶領他們至全台各地的茶園觀摩製茶過程，憶及師傅的傾囊相授，倆人至今仍然感激銘感五內。

即使是如此合作無間的邱清鈺與何賢章，創業之路也並非一路順遂，問及挫折從何而來？倆人不約而同回答：「創業從頭到尾都充滿挫折。」但倆人深信「堅持」絕對是不二法門，愈堅持、愈精粹，只有不斷精進現在的能力，當能力突破原本的門檻後，問題自然就會解決，當達到無人能取代的高度時，這些挫折便不再是挫折了，他們深信，雖然創業的路上充滿挑戰，但每個挑戰都是經驗的積累，也是堆起高度的基底。

茶的美好，值得傳承、值得看見

目前茶執所已經邁入第三個年頭，倆人也正積極架設各式網路平台，希望銷售端的成績可以蒸蒸日上，他們也規劃開設課程，像是風味評鑑教室，旨在引導大家用生活中或記憶中的味道去解析喝到的茶，進而找到適合自己的風味，期盼透過各式活動讓大眾更認識品茶，並藉由品茶拉近與親友之間的距離，充分享受它所帶來的樂趣。

在接觸過許多製茶師傅之後，倆人對於茶業也有了更深切的了解。因為願意踏入傳統產業的年輕人越來越少，導致這個產業產生斷層現象，老師傅們都相當期望年輕人可以踏入茶業，而愛茶成痴的倆人將持續在這個產業耕耘，把匠人製茶精神繼續傳承下去。

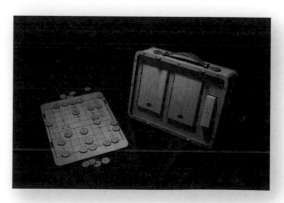

棋盤加上禮盒的設計，喝茶也可以很有趣！

茶執所
商業模式圖 BMC

重要合作

- 包材行
- 茶農
- 茶廠
- 製茶師
- 商家

關鍵服務

- 原葉茶包、手採高山茶
- 客製化茶禮盒
- 開店好茶合作
- 濃縮萃取咖啡、茶
- 冷泡茶合作、茶周邊合作
- 飲品顧問、商業攝影

核心資源

- 茶園、製茶師
- 水質研究
- 行銷能力、攝影技術
- 教學課程

價值主張

- 是一群癡迷於風味的人們。自 2013 年起，經歷酒吧、咖啡廳，現在由製茶師、茶農、攝影師組成的團隊，除了產茶、製茶，也投入水質研究，以科學的方式解析風味，帶您感受不同角度的茶之饗宴。

顧客關係

- 主動購買
- 商業合作

渠道通路

- Facebook
- Instagram
- 官方網站
- 實體空間

客戶群體

- 喜歡喝茶者
- 對茶有研究者
- 欲送禮者

成本結構

技術人力成本、行銷成本、包裝成本

收益來源

產品賣出收益

#C | 創業 筆記 ✏

- 創業從頭到尾都充滿挫折，唯有「堅持」絕對是不二法門。

- 當達到無人能取代的高度時，挫折便不再是挫折了。

- _____

- _____

- _____

- _____

- _____

- _____

- _____

#D | 影音專訪 LIVE 📹

茶執所

0966-868-833

https://chazhisuoflavorlifejourney.liteshop.tw

台中市龍井區藝術北街 149 號

五國真湯

滿足你的口腹之慾，五國風味任君挑選！

陳家興董事長與陳麗鳳總經理伉儷，倆人一心想減輕家中經濟重擔因而攜手創業，千挑萬選決定加盟了「五國真湯」，一路從無到有倆人全都親力親為，爾後，接手公司總部的倆人更渴望將創業精神傳承下去，藉由過去的經驗幫助更多半路出家的創業家。

店內招牌海報—陶阪燒

半路出家投入創業，為了家庭咬緊牙關

陳董與陳總伉儷苦於經濟壓力之大，加上還有三個孩子需要撫養，原本從事 CNC 產業的倆人歷經幾番思考決定出來闖盪創業，渴望靠自己雙手打拚改善家中經濟環境，倆人鎖定餐飲業後，陳總便隻身搭車前往台北參與美食加盟展，並將琳瑯滿目的各家加盟文宣資料帶回與陳董討論，在各方考量之下倆人便決定加盟「五國真湯」。

其實陳董與陳總倆人並非初次創業，但前次的加盟經驗遺憾以失敗收場，也讓兩人對於再次創業的規劃躊躇不決，懷著不安的倆人帶著孩子們舉家前往參與加盟說明會、並現場試吃，發現到產品老少咸宜的口味相當適合大眾，且加盟金額不高、條件限制也不多，倆人這才放下心中的大石頭，開始為開創餐廳鋪路。

倆人從店點的尋覓、店內裝潢、添購設備到食材進貨，一路從零到有全都親力親為，毫無經驗的倆人每天披星戴月、忙到不可開交，每天一睜眼就趕到店裡、再次走出店外就已夜幕低垂，儘管辛苦但倆人咬緊牙根就是為了家庭而拚搏。

主推陶板燒料理，高 CP 值也高品質

陶板燒是五國真湯主推的招牌餐點，亦是目前市場上少見的特色產品，而「五國」意指：日本的懷石風味、中國的香辣口味、台灣的塔香口味、韓國的經典泡菜、著名的泰式酸辣五大系列風味可供選擇，多國風味再加以調和，搭配來自日本關西的獨門醬汁，加上炒得恰到好處的洋蔥、高麗菜及豆芽菜，入口即可吃到清脆鮮甜的爽感，相當開胃，且每份套餐皆附上白飯、甜湯與小菜，餐點雖然平價但相當有飽足感，可以說是物美價廉、CP 值相當高！

陳董與陳總特別提及，餐點內的蔬菜是倆人每天早晨親自至菜市場現買的，對於食材倆人絲毫不馬虎，也因應許多小家庭會在下班、下課後來店裡吃上一餐，為了回饋顧客的支持，店內免費供應熱湯、白飯及飲料給內用顧客；今年入冬時更是趁勝追擊、推出陶煲燒，類似小火鍋的烹煮方式有著濃郁的湯底，也為寒冷的冬日增添一絲暖

1. 經濟部商業司－台灣美食嘉年華　2. 台灣美食嘉年華
3.5. 參與寒冬送暖公益園遊會　4.6. 參與美食加盟展

意，且倆人特選來自鶯歌的瓷器，就是希望帶給消費者平價但不失品質的餐點。

走過創業草創期，身分轉換成教育者

倆人憶起創業初期，店點選在較偏遠的住宅區，加上過往創業失利的經驗，家人們皆不看好他們此次創業的決定，但夫妻倆相扶相持、也遇到許多貴人相助，尤其是亦師亦友的總公司老闆是他們最大的恩人，經營店面遇到的種種難題都有老闆為他們指點迷津，包括促銷活動、宣傳文案、發送傳單等等都給予很多的支持與建議，也常親臨店面做監督及指導，陳總語帶哽咽地說道，眼角擒著的淚珠不僅是對老闆溢於言表的感激之情，也宣洩出倆人這些年所經歷過的委屈及艱辛。

「餐飲業需要堅持，要用心及耐心去經營每一個產品」陳董說道，也是因著這份屹立不搖的堅決，倆人的態度深得老闆的信任，老闆也將總公司的工作授權給倆人承接，他們也開始處理加盟事業，從原本餐飲界的新手成長為教導者的角色，並以過來人的身分將自身經驗分享給加盟者，幫助更多人順利開啟事業第二春。

走過才能懂得，推廣品牌幫助更多人

至今，五國真湯已在全台拓展至三十間店點，連同金門也已順利開幕，與馬來西亞也正進行商談中，倆人甚至帶領業務團隊參加台北世貿美食加盟展。關於未來，陳董與陳總有著宏遠的藍圖，倆人希望能擴展至六十間店面，讓每個縣市都能有五國真湯的據點，他們渴望將品牌推廣出去進而製造更多加盟機會，並藉此紓解更多有經濟壓力的家庭，並改善他們的生活品質。

陳董引用老闆的名言說到：「成功的路並不擁擠，但堅持的人不多」，他認為具備衝勁是創業的首要條件，做了才會知道將遇到什麼樣的困難、又該如何去克服，陳董亦提及，另一半的諒解也是很重要的因素，就如同陳董與陳總夫妻倆，歷經許多挫折波瀾仍然堅忍不拔，儘管跌倒過也勇於再次爬起，只為攜手帶給顧客簡單又充滿幸福的餐點。

#B 五國真湯
商業模式圖 BMC

重要合作

- 原物料商
- 肉販
- 菜販
- 蛋商
- 海鮮食品商
- 鶯歌瓷器

關鍵服務

- 壽喜飯
- 日式咖哩
- 陶阪燒、陶煲燒
- 海陸麵

核心資源

- 主廚
- 平價餐點
- 獨特醬汁
- 多種湯底

價值主張

- 集結了台式、中式、日式、韓式、泰式五國風味的陶板燒，新鮮蔬菜及肉品再搭配白飯、甜湯及小菜，平價高 CP 值的餐點，簡單吃也可以很有飽足感！

顧客關係

- 主動購買

渠道通路

- 實體店面
- Facebook

客戶群體

- 饕客
- 家庭

成本結構

人事成本、營運成本、原物料

收益來源

產品售出收益

#C | 創業 筆記 ✎

- 要用心及耐心去經營每一個產品。

- 成功的路並不擁擠，但堅持的人不多。

- _____

- _____

- _____

- _____

- _____

- _____

- _____

#D | 影音專訪 LIVE 📹

五國真湯

04-2658-2937

fb.com/ 五國真湯 - 梧棲店 -828338470709794/

台中市梧棲區中和街 113 號

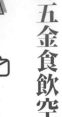

永昇五金食飲空間

老房子、新生命，藏身五金行裡的美味關係

許博俊，永昇五金食飲空間的共同主理人，與太太接手岳父經營三十餘載的五金百貨行，延續舊有五金行裡的舊物件結合安心健康的餐點，以「老空間、舊行業、新轉生」的概念將其轉型為食飲空間，希望透過飲食帶客人認識並回憶懷舊的五金產業文化。

以鍋碗瓢盆等五金百貨裝潢一片網美牆

傳承父輩老字號店面，灌注新生命

出身於商業管理相關科系的許博俊，創業一直是他的夢想，他想將所學技能具體實踐，正好遇上家中經營了三十餘載的五金行因岳父年事已高欲結束營業，眼看著歷史悠久的老字號五金行淪為存放貨底的倉庫，不忍釋手的許博俊心底萌生了創業的念頭，他決定重新塑造這個富含歷史痕跡的空間。

許博俊與太太兩人接手了這個空間，但仍然保留原本的店名，連同店面外觀與帆布都原封不動的保存下來，招牌也依然高掛著「永昇五金百貨行」，之所以保留這些設置是因為許博俊認為現代人很少會走進傳統五金行購買東西，且以往的永昇五金販售許多現代人鮮少用過、看過的家庭五金類產品，他以惜物之情為老邁的五金行注入新的活力，並將其命名為「永昇五金食飲空間」。

但不同於以往的是，現在的永昇五金主要產品著重在餐飲上，因為許博俊希望透過餐飲吸引客人前來光臨這個空間，且以在此停留用餐的模式進而認識原本的產業文化。特別的是，雖然主打著食飲空間，但永昇五金這樣的店名確實讓許多顧客誤會，甚至詢問是否有販賣五金用品，許博俊也就順勢規劃將五金用品擺放上架展示及販售。

食＝人良，推崇安心健康食材

永昇五金坐落於嫻靜的東海別墅區，店址鄰近商圈及工業區，因此上班族、學生族群及小家庭便是當初創店前的預設客群，但隨著店面實際營運後才發現，學生光顧的比例遠大於其他族群，許博俊明白顧客最在意的就是餐點的 CP 值，為了因應客群需求，許博俊也總是在自我修正，每晚與太太的檢討會議是打烊後的日常，店內的產品亦會定期做輪替以利測試市場接受度，並根據不同族群陸續推出不同的新品項。

秉持良心製作餐點是許博俊踏進餐飲領域最純粹的初衷，因此堅持原物料皆選用履歷食材如花東

1. 傳承保留原本永昇五金百貨行的招牌
2. 每個角落都是巧思，以油漆桶做燈罩
3. 空間明亮、擺設許多綠意植物
4. 店內藏書區－可供顧客閱讀交流
5. 聚餐、聯絡情感的好場所

米、無毒豬肉等，即便所需成本偏高，但他認為餐飲業是良心事業，讓顧客能安心享用、吃的健康才是他最在意的。許博俊提及店面的招牌——煨湯，便是他針對主婦族群推出的品項，烹煮方式繁複，需大甕裡放小甕、用木炭恆溫六至八小時，再添加中藥材及米酒增添香甜味，湯頭濃郁、豬腳肉質軟爛且入味，原本是要給自家長輩的養生餐點，但經改良轉型為調理包，是家庭出遊帶便當的團購首選。

創業＝挑戰，每個階段都是課題

「創業本身就是很大的挑戰」每天的營收、來客量無不是挑戰，創業時的每一分錢、每一分鐘都要錙銖必較，許博俊直言，永昇五金的創立雖然可以說是天時地利人和，但接手空間後光是整理原本的五金庫存貨底就費時至少半年，從畫概念圖、找設計師到找工班等每個繁瑣的環節許博俊皆親力親為，有時還會遇上工班之間銜接不上、延長工程作業期的窘境，種種的隱性成本都讓許博俊感到沉重壓力。

許博俊坦言，他也曾想過要放棄，但回頭望向一路互相扶持的太太，與不吝給予加油打氣的岳父、岳母，連同兩個孩子都很喜歡這個空間，「家人就是最直接的支持」許博俊說什麼也要堅持下去。所幸裝潢完畢後，煥然一新的空間得到高度肯定的評價，也漸漸有顧客回流再訪，甚至有從外地遠道而來用餐及參觀空間的顧客，種種正向反饋也證明了許博俊的努力值回票價。

穩定腳步、放眼未來，發揮空間最大價值

永昇五金也融入了許博俊個人的興趣，他在店裡除了擺放許多自己的藏書以外，也與桃園的晴耕雨讀合作選書，囊括了飲食、器物、旅行、文化、設計等多種領域的書籍，他希望在繁忙的生活裡，顧客來到這裡可以暫時忘卻煩惱放下手機、拿起書來閱讀，且藉此開啟聊天話題，不僅餐點、亦透過書籍拉近與顧客的互動關係，許博俊想讓顧客知道這間店的生活態度，也希望透過這樣的模式遇到同道中人。

未來，許博俊希望能先穩固好營運狀態，讓永昇五金在競爭激烈的餐飲市場上生存下來，他希望能讓這個空間不僅是單純提供飲食，而是可以提供承租舉辦座談會或讀書會等的需求，並透過這家店串連到不同產業、吸引到更多同好，讓這家店發揮力量、發展出一個相知相惜的小族群。

創業是急不得的，不要因為在原有工作遇到挫折就想放棄而出來闖盪創業，許博俊懇切地說道，要慎思資金是否足以支撐、產業是否能夠存活，並釐清自身產業的目標族群，也要在職涯中培養人脈及基本功，在往後創業的路上都將會是不可多得的珍貴資源，也會是人生路上的貴人。

#B | 永昇五金食飲空間
商業模式圖 BMC

重要合作

- 三久無毒豬
- 開元食品
- 日常野草
- 阿華師茶葉
- 天生好米
- 有心肉舖子
- 龍井區農會
- 洲南鹽場
- 全福興食品企業

關鍵服務

- 用心餐點
- 特調飲品
- 煨湯

核心資源

- 五金行器具收藏
- 店裡藏書交流
- 鄰近商圈及工業區

價值主張

- 永昇五金百貨行從 1987 年就落腳在臺中東海別墅區，經營超過 30 年，2020 年由第二代夫妻接手，用一種惜物的情懷，以「老空間、舊行業、新轉生」的概念為老邁的五金行注入嶄新的活力。

顧客關係

- 主動購買
- 交流互動

渠道通路

- 實體店面
- 官方網站
- Facebook
- Instagram

客戶群體

- 學生族群
- 上班族群
- 附近住戶
- 部落客

成本結構

原物料、營運成本、店面裝潢成本

收益來源

產品售出收益、場地租借費用

TIP1：創業本身就是很大的挑戰，每一分錢、每一分鐘都要錙銖必較。

TIP2：創業急不得，不要因為在原有工作遇到挫折就想放棄而出來闖盪創業。

#C | 創業筆記

成立時間：2020/07/14
團隊人數：3

Q. 公司社群媒體的策略是什麼？

A > 因為人力的因素，原先設定僅透過 FB 進行與顧客的溝通管道，但是因為所處的區域，消費客群偏年輕，因此重新調整為 FB、IG 並行，惟兩個社群的溝通內容針對不同客群有些許的不同。

Q. 團隊的協調如何執行？有特別下功夫在這塊嗎？

A > 因團隊人數不多，所以在溝通協調上較為直效，但因團隊中也有附近學校的同學，因此除了傳統的上對下的溝通模式以外，更希望下對上也可以提出不同的看法，藉以更為貼近年輕族群的想法。

Q. 成長增速可能會遇到哪些阻礙？

A > 因為所處位置不在商圈的最核心區域內，所以需要投入較多的資源進行廣宣，此外區域的特性造成淡、旺季明顯，成長的幅度會受到來客的多寡而影響。

#D | 影音專訪 LIVE

永昇五金食飲空間

0931-654-860
fb.com/YSWJ1987
台中市龍井區台灣大道五段三巷 42 弄 70 號

#A

Trek Wrap

你的車，你說的算！

簡士堯，瑞龍企業社老闆，美國禿鷹 Teck wrap 台灣總代理商。

從小便著迷於各式車類簡士堯於因緣際會下開啟了與國際包膜

品牌之緣；瑞龍企業社以獨有色料、多重選擇打進包膜市場，

目前於本地頗響盛譽，未來預計開創自有品牌。

參展現場

美國內達華州賭城之旅

簡士堯對車的狂熱絕非一般，幼時的他便相當著迷於機械組裝，出社會後的每一份工作亦都與車脫不了關係，對簡士堯來說，車就是人生的一部份，於某間汽車相關企業任職的簡士堯有一次被派送到拉斯維加斯參加 SEMA(世界最大型的汽機車零配件展)，於當地他遇上生命中的貴人──Teck wrap 公司總監──，意外一拍即合的倆人聊上許久，總監於談話間自然問起簡士堯有沒有代理品牌的意願，當下簡士堯並沒有馬上給出回覆，因為他的人生從沒有出現過「創業」這個選項，雖然對未知感到卻步，但簡士堯內心卻有著一絲亟欲跳脫例常生活的慾望。

簡士堯當時面臨工作上的瓶頸，自己任職的公司決策總是以生產做為取向，對於銷售卻不經琢磨，發現問題並提出方案的他並沒有得到預期的回饋，那段時間簡士堯可說是過得渾渾噩噩，他一樣熱愛車，但無法從工作中獲得成就感、滿足感的現況實在令他苦不堪言，因此遇上 Teck wrap 可說是這趟旅程中最驚喜的收穫。

Teck Wrap 於國外是相當具有知名度的包膜品牌，爭奪代理權的人多如牛毛，簡士堯知道倘若選擇拒絕，便再也沒有下一個機會，幾經思慮後，簡士堯再次聯繫 Teck Wrap 總監，表示自己願意承當代理商，以瑞龍企業社為名，簡士堯開啟了自己的創業之旅。

吃不怕的閉門羹

創業初期的推廣成了簡士堯遇到的第一個難題，雖然簡士堯本身汽車業務經歷豐富，但相對於車行、店家的老闆還是小了幾輪，在老闆眼裡簡士堯只是個年輕小伙子，簡士堯口中的技術、專業、價值完全進不了對方的耳裏，常常話還沒講完就被轟出店家門口；當時大環境下相關產業皆固定與他牌大廠合作，原因有二：

(一) 大廠品牌輸出質量穩定

(二) 其餘品牌品質參差不齊

即便 Teck Wrap 屬於國際品牌，其在本地觸擊率卻相當低落，加上台灣消費者的品牌迷思相當普

1. 倉庫備貨
2. 產品型錄
3. 施工講解
4. 客戶實際操作
5. 膜料裁切

及，對於名不見經傳的 Teck Wrap，消費者連看都不看一眼，更何況是經營為本的商家。

面對這一切，簡士堯選擇理解，他理解作為一個店家對未知品牌的排斥，因此他並不氣餒，他轉變策略，除了挨家挨戶拜訪店家同時開始以參展形式進行品牌行銷，舉凡活動、車展、賽車場簡士堯堅親自到場，而此舉成功曝光 Teck Wrap，許多消費者對於其強大的包膜功能與特殊品項感到十分感興趣，在簡士堯的努力下，瑞龍企業社打開客源。

不怕你選，就怕你選不出來

汽車包膜技術約莫於 2014 年開始盛行，當時車身相關法規進行修正，驗車多增設「彩繪車」項目並允許車主變更車體顏色，汽車彩繪包膜才漸漸風行起來，而簡士堯見證了從無到有的這一切，並搭上這波新興潮流。

瑞龍企業社主要服務項目為特色包膜，一般車種僅提供 10 種色號，而透過 Teck wrap 品項可將其增至 200 種，同時搭配變色、炫彩、彩繪、紋路等設計為每個顧客打造專屬車身，簡士堯提及市面上舊型材料較硬且會於車上留殘膠，而 Teck Wrap 除了可以免除上述問題亦不傷車漆，能幫助顧客在不損及寶貝愛車們的前提下盡情設計。簡士堯表示除了車身包膜外，Teck Wrap 亦可運用在許多平面上，如傢俱：冰箱、電梯、電鍋……，只要善用工具，包膜技術可以應用在人們生活上的每個角落。

我沒有認輸的打算

如今的瑞龍企業社已累積起一群可觀的忠實客戶，甚至有許多人便是衝著 Teck Wrap 前來消費，簡士堯看著這一切，他知道自己的努力沒有白費。簡士堯一路走來吃的苦並不亞於任何創業家，他為了曝光品牌風吹日曬，為了專注企業有三年的時間都以公司為家，為了瑞龍、為了 Teck Wrap 奉獻出自己的一切。問及是否曾經感到質疑自己，簡士堯只是淡然地點頭，但他表示自己堅信：「留下來的才是王者」因此不論過程有多艱苦、克難，他的腦海自始自終沒有出現過放棄的念頭，每當無力之際，他總會選擇告訴自己，付出的心力需要時間孵化、孕育才能結出理想的果實，與其緊盯著含苞的花，不如花更多心思栽種、施肥，靜心等待綻放的到來。

#B | Trek Wrap
商業模式圖 BMC

重要合作

- 車身設計商
- 材料進口商

關鍵服務

- 包膜服務

核心資源

- 獨家代理權

價值主張

- 以低廉親民的價格提供高端包膜服務，滿足消費者玩色慾望。

顧客關係

- 客戶自找上門

渠道通路

- 官方網站

客戶群體

- 車主
- 包膜需求者

成本結構

進口材料、貨運費用、營運成本、人事開銷、行銷支出

收益來源

服務費用

#C | 創業筆記 ✍

- 當產品不被市場接納，多元嘗試找出突破點。

- 貫徹品牌信念，創造無可替代的價值。

- _____

- _____

- _____

- _____

- _____

- _____

- _____

#D | 影音專訪 LIVE 📹

Trek Wrap

0988-608-618

https://w.tw.mawebcenters.com/teckwraptaiwa/

台中市西屯區西林巷 5-10 號

金箍棒智慧物業管理

包租公的管理神器，一機在手掌握租房代管大小事！

JGB GROUP®
SMART PROPERTY

田智娟（Joanna），金箍棒智慧物業管理的執行長。與共同創辦人皆擁有多年的不動產仲介經驗，接手過各式類型的不動產買賣，也投身相關的投資市場，她在其中深刻體會到房屋租賃及買賣管理的不易，便決心打造一個不動產租賃自動化管理的平台。

1. 亞太資通訊科技聯盟大賽－越南台灣代表企業組
2. 台灣 101 電梯簡報大賽－智慧城市組冠軍
3. 台灣創速 TA 加速器邀請前往美國與專家交流
4. 數位國家論壇世界新創之都－ TOP3 世界之星

變身為客戶的金箍棒，解決房屋管理麻煩事

畢業於地政系暨不動產城鄉環境研究所的 Joanna 已在不動產市場打滾多年，過去她曾從事過商業不動產仲介、豪宅不動產仲介及一般住宅仲介，領域更跨足海外房地產的投資買賣，Joanna 在這段多年的產業經歷裡看過太多為了房屋買賣及租賃代管勞心勞累的案例，她深刻體會到管理房屋的所要花費大量的時間與精力，於是她決定站出來解決市場痛點，並偕同共同創辦人創立了「金箍棒智慧物業管理」。

隨著近幾年來房價的攀升，租屋族及房屋投資人大幅增加，包租代管產業亦隨之興起，一般公寓大廈的管理主要就是住戶包裹收發與公告欄的資訊佈達，而租屋管理屬於資產管理的一環，涉及的面向更為繁複，租屋管理中對應的角色很多，從房東、租客、管理者到協力的修繕及清潔人員，金箍棒智慧物業就是在這四方之中做協調及統整的位置。

精緻有深度平台服務，為客戶想到最深、最細

金箍棒智慧物業主推一站式的雲端管理平台，不論是手機、平板或電腦都可以跨裝置登入使用，主要提供六大類管理服務：

（一）、房源管理：輕鬆新增物件、線上管理房源。

（二）、租約管理：提供房東與房客透過電子簽章簽訂遠端智能合約，不受地區侷限、方便又快速。

（三）、租金管理：系統自動在繳款期限前寄發通知提醒租客支付房租，不須人工催款且可隨時掌控租金交付現況，省下帳務管理的大量人力成本。

（四）、資金報表：提供即時且完整財務報表，也可與銀行自動對帳，房東可精準分析現金流及各項費用明細，帳務透明化、投資者也可清楚了

1. AWS 雲端新創團隊競賽複賽
2. EPiC 世界大賽－港台代表隊

解資產數據及租房率，有助於提高投資意願進而活化閒置空間。

（五）、智能設備：提供智能門鎖、智能電表等管房相關設備，可以線上遠端管理房屋。

（六）、修繕管理：提供即時線上修繕的派單管理，房東不必再擔心三更半夜接到租客來電，租客也不用苦惱找不到房東處理。

Joanna 對於自家的服務可說是胸有成竹，其系統支持多國語言，除了基本的中文與英文也有越南語，甚至還有多幣別，不論是菲律賓的披索或是柬埔寨的瑞爾，匯率的轉換皆不成問題，整個亞洲的市場皆是服務範疇，管理平台的細膩及深入的程度可以說是台灣數一數二，客源廣泛囊括商務中心、品牌公寓、共享空間、共生空間、物業管理業者、不動產租賃管理業者等，精緻的平台設計獲得國內外的客戶肯定，甚至有日本的客戶慕名而來指定合作。

看得廣、看得遠，為了解決市場痛點義無反顧

其實租屋代管不需要精湛的技術，但工作內容的重複性高且耗費人力，是相當需要自動化的產業，尤其地產投資買賣及房價浮動等的高度資訊含量，使得它統整成平台更是不易；Joanna 直言，創業初期她與共同創辦人也曾經太過低估這個產業的深度，而錯估所需資金及籌備的時間，真正完整建置完公司與系統後其實需要花費好幾倍的時間與財力。

儘管是條艱辛的路，但 Joanna 深知她所要打造的平台將會是市場獨一無二的需求，她與團隊伙伴以往都曾參與過跨國投資賣賣，涉略過倫敦、紐約、東京、大阪、紐西蘭、澳洲、東南亞、越南等的房地產市場，可說是橫跨了半個地球，團隊有豐富的產業經驗，視野更開闊也看得更深遠，Joanna 發現到，不論是在台灣還是在國際版圖上都會有租房管理的需求，而市面上也尚未有健全的系統供應商，「這件事的確值得做，也該是時候了！」Joanna 認為這件事之於身兼仲介及房地產投資人的她再適合不過了，服務正式上線後也確實得到許多客戶的反饋，看到客戶的房源數量及租金收益節節高升就是她最大的成就感來源。

視客戶為夥伴，共同為租房市場打拼

「金箍棒就像客戶的後廚房，房源是他們提供的原料，而我們負責把食材炒得漂亮又有效率，讓菜可以漂亮的端上桌」Joanna 說道，客戶對她而言就像夥伴，透過服務使對方達到效益、雙方也可一起成長。而現在正處於後疫情時代，即使有來自四方各地得大量租客流動，金箍棒的平台支援遠端管理正好可提供無接觸服務，甚至有遠端 720 度 VR 呈現房源，仲介公司或物業管理公司可以在不同地區工作，不被地區侷限、跨越城市及國家，打破地域與時間的阻礙、服務無遠弗屆。

未來，Joanna 規劃與內政部營建署、國家住宅及都市更新中心合作，將公共住宅導入租房管理平台，並藉由六都租賃工會推廣給相關的包租代管業及仲介業，期待用最少的人力、最有效率的方式，達到最有溫度的管理；而隨著 5G 及 AI 技術成熟落地，Joanna 更預測未來的三到五年將會是房地產科技年，有更多的資源及科技可以運用在市場上，房地產的開發、估價、管理都有可能智能化，市場將會有大革新，她也大大鼓勵有房地產或地政相關背景的後輩投入市場，一起讓台灣的租房產業與市場更健全、更蓬勃發展。

#B | 金箍棒智慧物業管理
商業模式圖 BMC

 重要合作

- 內政部營建署
- 國家住宅及都市更新中心

 關鍵服務

- 房源管理
- 租約管理
- 租金管理
- 修繕管理
- 智慧門鎖

 核心資源

- 地產顧問
- 不動產經紀人證照
- 平台操作與建置
- 物業管理技術
- 多年產業經驗

 價值主張

- 只需要一台手機或平板，就可以輕鬆管理租約、房客、房租、修繕、點交等大小事，大幅提高管理能力，也可隨時掌握房客、租期、租金的動態。

顧客關係

- 共同協助

渠道通路

- Facebook
- 管理平台
- 媒體報導
- 教學課程
- 智慧城市展

客戶群體

- 房東
- 房客
- 商務中心
- 品牌公寓
- 共享空間
- 共生空間
- 包租代管業
- 物業管理業者
- 不動產租賃管理業者

成本結構

人事技術成本、平台開發維護成本

收益來源

服務費用

TIP1：創業是條艱辛的路，為的是打造市場獨一無二的平台。

TIP2：客戶就像是夥伴，透過服務使對方達到效益、雙方也可一起成長。

#C| 創業筆記

成立時間：2018/04/03
團隊人數：15

Q 團隊有哪些相關領域經驗嗎？

A 創辦人皆具備資深的產業知識與實質經驗，團隊運作具成熟的根基及深入受眾市場實務需求。田智娟執行長嫻熟零售不動產及跨國不動產交易，負責國內投資人佈局海外資產市場，包括英國、美加、紐澳、日本、越南等地，在國內外有 10 年的資深不動產實務經驗。蔡承彣營運長則擅長物業管理技術與知識導入，擁有豐富的物業管理及 IOT 物聯網技術。曾任台灣第一大房仲品牌信義房屋、東森房屋，15 年以上的豪宅銷售與租賃管理經驗。

Q 公司規模想擴大到什麼程度？

A 以台灣市場作為基礎點，透過獨特的雲端數據管理與周邊相關產業垂直整合打入市場，是台灣少數一年內以 SaaS 軟體平台打入國際市場的地產科技 (Proptech) 新創團隊。看準東南亞新興房產市場，透過整合包括宏碁、研華、英業達等 IOT 實力大廠的 One-Stop 租房管理解決方案優勢，加速佈局各國城市的海外客戶。目前已受到多家國際級投資機構青睞，期待成為下一個台灣成功立足於國際市場的 SaaS 軟體公司。

Q 目前該服務的獲利模式為何？

A JGB 體察並傾聽不同中小企業及個人使用者的體驗，規劃出具彈性且符合產業需求的『訂閱方案』。從免費試用給予良好體驗，更提供不同形態的團隊適用的付費方案包括入門、熱門及專業方案。特別的是，JGB 也另外設置高 CP 質的體驗方案，每月只需低價格付費即可使用平台的多項基礎管理功能及服務；另外，針對特殊需求的用戶提出企業方案，可細項量身打造客製需求及優先諮詢服務，協助租賃業者快速數位轉型，銜接地產科技新紀元。

#D| 影音專訪 LIVE

我獨角創業，
UNIKORN
UNIKORN
UNIKORN
UNIKORN

金箍棒智慧物業管理

LIVE

02-7730-5580

https://www.jgbsmart.com/

台北市大安區忠孝東路四段 285 號 5 樓

潔合共創清潔顧問

讓清潔值得信任，清潔職人的夢想跳板

陳慶晃，潔合共創清潔顧問的創辦人。從事於清潔產業且累積九年產業經驗，擅長經營管理與技術整合，並創立清潔顧問公司，期盼能將傳統清潔產業做轉型，顛覆大眾對清潔產業的刻板印象，更希望能夠藉此落實共享經濟。

公司內部空間

成立清潔顧問公司，做平台解決不了的事

從清潔公司轉型為清潔顧問育成中心，提供清潔創業者育成輔導計畫，陳慶晃歷經九年的時間，從傳統營運到加盟、經銷、平台營運方式都嘗試過，到最後發現很多問題還是無法被徹底解決。

他認為，未來清潔市場的產值雖高，但各公司的問題還是出在人員流動率過高，早在十年前全台清潔公司數量來到了約 8900 間，但過了十年後，公司數量卻下滑到 500 間左右，現今有稍微回升至約 800 間，也足以證明清潔公司的老闆對於商業知識完全不熟，導致死亡率落差偌大。

而近幾年來，部分清潔公司的老闆開始意識到，清潔產業是個前景值得發展的產業，同時陳慶晃也看中產業前瞻性於是決心將企業轉型，於是便創立了——「潔合共創清潔顧問」。

術有專攻，清潔學問博大精深

有著豐富的產業經驗，陳慶晃擅於商務空間的清潔及居家清潔，創立公司的宗旨是希望能藉由清潔，結合自己的能力與大家的力量，讓想持續進步的老闆，透過創業輔導、互助互利，讓想學經營管理與一技之長的人可以透過這樣的顧問中心蒐集資源、學習技術與經驗，進而增加收入及技能，甚至是經營管理，這也就是公司之所以命名為「潔合共創」的緣由，整合多項清潔技術做課

程分級認證制度，有別於市面上的顧問服務，除了有課程教學亦有實戰體驗，不只教導如何使用工具、如何用正確的手勢及姿勢，更會親自帶學生到案主家實際練習，並在一旁輔導動作，如此一來不僅能學習到完整的清潔步驟，也能學習到與客戶的應對技巧。

潔合共創以輔導個體戶及公司為主、當中包含了經營管理、人才管理以及課程囊括水管、水塔、洗衣機、冷氣機等大型家電清洗，地毯、沙發清潔及除塵蟎等居家清潔，亦有專業的石材美容及商務空間清潔，連同現今最夯的收納管理課程也都包含在內，除此之外，潔合共創還有獨門創新的商業空間鍍膜技術，可以廣泛應用在玻璃、木

質傢俱、磁磚、石材、五金配件等，以減少水垢、油垢，目前全台南的飯店及民宿皆使用此項技術服務。

陳慶晃說到：「術業有專攻，清潔是一門學問」，清潔不只是清理環境，更應該定期維護保養保障生活品質，陳慶晃很在意每個環節，連看起來輕而易舉地擦桌子也有一套量化 sop 流程，先從桌子的「面、邊、角」擦起，接著「除膠、除漆、除垢、除塵、除痕」，最後再順時針、逆時針都擦過一輪才算是大功告成，每個細節都不放過，讓每個案主的家有更好的生活環境，大幅降低孩童過敏的機率。

你家，放心交給我們！

信任感是許多客戶的疑慮，因為無法第一時間就掌握清潔人員的背景及資訊，且清潔員的素質參差不齊，與案主的糾紛及負面新聞也屢見不鮮，所以許多案主會害怕讓陌生人到自家清潔，獨立接案的清潔員也難以陌生開發客源。

「信任感比技術更為重要」陳慶晃說道，與客戶建立信任並得到技術肯定的反饋是最為優先也是他最在意的，要求細節的陳慶晃抱持著將心比心的工作態度在輔導清潔廠商，讓他們每一次的清潔服務都是為了保障案主有良好的生活品質，從

技術、專業形象到服務品質都是一致的，他希望從潔合共創輔導出來的廠商都是值得信任的，顧客只需要面對一個窗口就可以得到統一整合的服務，清潔員也可以透過輔導制度加入潔合共創、站在同一陣線成為夥伴，並立志成為全台灣最具公信力的清潔認證機構。

共創美好、共享經濟，冒險路上與你同行

「會教的不會做、會做的不會教」陳慶晃認為這是很多傳統清潔公司無法成長的緣故，內部制度不夠完善容易造成員工集體出走，而潔合共創除了有手把手的實戰教學以外，這裡也是個創業者的跳板，不只技術、也能學到公司整體營運模式。

如今潔合共創已趨於穩定，陳慶晃希望未來能夠建立多項清潔認證分級制度，讓加入輔導的廠商可以透過取得專業技術認證得到認證標章，並轉介平台底下接案增加收入，期盼能將清潔與居家健康兩個領域結合，開發出 AI 智能居家監控管理系統，案主能夠一鍵預約所有服務，系統可偵測居家環境、空氣品質或周遭汙染源，並自動啟動空氣清淨機或清潔機器人，人人都可以輕輕鬆鬆地維護居家健康。

「創業就像是一場冒險！」陳慶晃說道，客源從哪裡找？商業模式如何建立？如何帶領自己的團隊？一踏上創業的旅程便是充斥著各種疑問，擁有多年創業經驗的陳慶晃一路過關斬將到現在，他希望所提供的顧問中心能夠幫助到同樣懷有創業夢想的年輕人從中獲得資源、技術甚至客戶，彼此互助、真正落實共享經濟。

公司內部空間

#B 潔合共創清潔顧問
商業模式圖 BMC

 重要合作

- 個體戶
- 清潔公司
- 勞動部
- 青年就業協會
- 飯店
- 民宿

 關鍵服務

- 企業經營顧問
- 各式清潔技術認證班
- 收納美學認證
- 育成輔導計畫
- 營業登記
- 活動場地租借

 核心資源

- 產業經驗
- 系統化課程
- 清潔產品販售
- 多項清潔技術

 價值主張

- 讓清潔值得信任，讓大家擁有生活品質，從潔合共創開始做起，透過教育培訓，創新服務，完成三方賦予的任務。

 顧客關係

- 個人協助
- 育成方案
- 一對一線上說明

 渠道通路

- 網路平台
- 實體辦公空間
- Facebook、Youtube
- 清潔、育成說明會
- 青年就業服務協會

客戶群體

- 清潔公司
- 個體戶
- 商務空間
- 二度就業族群
- 想學一技之長的人

 成本結構

營運成本、工具購買及維修、人事成本、活動成本

 收益來源

提供服務費用、課程費用、活動費用、租賃費用、產品售出收益

#C | 創業
筆記

- 信任感比技術更為重要！

- 創業就像是一場冒險！

- _____
- _____
- _____
- _____
- _____
- _____
- _____
- _____

#D | 影音專訪 LIVE

潔合共創清潔顧問

06-208-2773

fb.com/grt3255d/

台南市東區裕農路 288 巷 13 號 1 樓

BEDCLOTHA 貝蔻羅莎

當個從容優雅的家事高手，從勤換寢具開始！

鄭欽文（Victor）與鍾采凌（Alina），波波里奧實業的 創辦人，夫妻倆苦於生活上更換寢具的諸多不便，於是決心研發設計一套懶人專用的寢具，不僅可以方便快速得更換，寢具用料也高級且用心，有效節省做家務的時間，希望藉此讓大家勤於更換寢具，進而擁有更好的衛生習慣及生活品質。

產品照

困擾於寢具更換的不便，決心一改傳統寢具設計

出身於旅館業營運主管的 Victor 苦於房務部實作上的不便，尤其房務員總是需要耗費大量的人力及時間在整理床鋪上，要搬起笨重的床墊對於年紀稍大的房務員而言也容易造成職業傷害；另一方面，時常做家事的 Alina 也覺得更換床單是件麻煩的事，常常會因為懶惰而久久才更換一次床單，日子一久不僅容易起疹子，也容易滋生細菌；倆人一直思考著是否有更便利、快速的方法，Alina 靈光一閃：「如果寢具也可以像桌巾一樣，一抽就換掉了，不是很方便嗎？」，於是倆人決定發想新的產品，一心決定改變既有的寢具設計。

Victor 與 Alina 倆人先是創立了「波波里奧實業」，隨後創立旗下寢具品牌「BEDCLOTHA 貝蔻羅莎」，倆人認為寢具與衣服皆對肌膚有親密的接觸，但衣服每穿一至兩天就會換洗，而寢具卻常常一、兩個月才洗一次，因此想要藉由貝蔻羅莎此品牌提倡「勤洗寢具」的概念，讓換洗寢具變成輕鬆又簡單的家事。

簡單地更換寢具，不簡單的選材製造

一般市面上的寢具設計其實都大同小異，每每換整套寢具──包含枕套、被套、床包──大約需要三十分鐘甚至更久，換寢具時常常搞得汗流浹背的，而且枕心很難塞進枕套裡、被套也常常翻來覆去找不到方向，而貝蔻羅莎主打「秒換寢具」，顧名思義就是一個人換整套寢具只需要短短不到五分鐘即可完成，可說是懶人的家事救星、家庭主婦的好幫手。

Victor 提及，許多人睡覺的時候會墊一層毛巾在枕頭上面，但毛巾的觸感不及棉質來得舒適且容易掉落，貝蔻羅莎採用相似的概念，一樣先將床包套在床墊上，床包上有床頭辨識帶的貼心設計，裝床包時就不會把方向搞混，床包上面再鋪上床巾，更換時就可以直接更換床巾不需要再搬

1. 廠商會談　　2. 產品照
3. 直播拍攝　　4. 實地操作

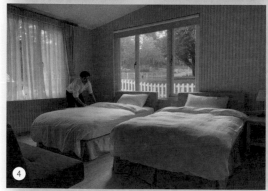

動床墊，床包有鈕扣可以與床巾做固定，也不擔心睡到一半床單會移位而凌亂；而被套的綁繩採用手工四合扣帶去扣合，扣耳勾住床頭的鈕扣再往下一拉，被套就更換完畢，較緊密也不需要再綁帶；枕頭則是在枕巾裡面縫上防水磁扣固定，更換時一抽就可以換掉、放上的時候一吸就固定在枕套上；總總貼心的設計避免了傳統被套的綁繩容易斷落、換被套常常手忙腳亂等等的擔憂。

雖然號稱可以簡單地更換寢具，但用料可一點都不簡單，貝蔻羅莎選用床包當保潔墊，可以保護床墊、也避免滋生塵蟎及病菌，且床包的用料有良好的吸濕及排汗功能，除了親膚也有相當好的透氣性，枕巾使用高規格的六十支天絲或六十支純棉，觸感冰涼、在冷氣房裡顯得格外舒服。

獨創的專利設計，持續優化顧客之生活品質

然而創業初期，要將如此創新的寢具設計打入市場可說是面臨種種挑戰，為了做出市場差異性，Victor 與 Alina 從無到有每個環節都親力親為，對寢具設計、紡織業都沒有經驗的倆人，買了針線、縫紉機及上百套床單和布料，一針一線裁縫研究，且倆人新穎的設計有許多細節需要小零件精工，高成本及繁複的手法被許多代工廠拒於門外、吃上多次閉門羹，甚至過程中 Alina 懷上夫妻倆愛的結晶，也依然每天忙到三更半夜，還挺著孕肚南下奔波拜訪廠商，Alina 也笑言自己應該是最辛苦的孕婦了吧！

走過草創期的腥風血雨，Alina 提及，有許多顧客反應以往換寢具都要弄得滿身大汗，也有顧客長了很多疹子跟面皰，看了醫生、吃了藥卻都沒用，買了貝蔻羅莎之後幾乎每兩三天就換一次枕巾，換寢具變得方便快速、膚況竟然也就好轉了，甚至有顧客說到：「這個發想很好，怎麼沒有早點有這種發明啊！」倆人獨樹一幟的設計有了紛至沓來的正面反饋，也成功申請專利證明，能夠真正解決顧客的麻煩，為顧客帶來更好的生活品質，就是兩人持續邁進的最大動力來源。

獨佔市場唯一，推廣獨有寢具之魅力

選購寢具不能只看價格與外觀，從產地、工法到材質都大有學問，好的寢具可以改善生活品質、睡眠品質甚至是皮膚狀況，但許多人其實不懂得如何選購寢具，所以未來 Victor 與 Alina 也計畫開發實體通路，將貝蔻羅莎進駐專櫃販售，提供實體的方式呈現可與顧客一對一接觸銷售，也期許未來可以持續優化產品並推出二代、三代設計，眼界開闊的倆人甚至很願意與異業結盟或合作聯名款式，期盼藉此能更多渠道可以推廣，讓更多人可以感受到秒換寢具的魅力。

「創業就跟人生一樣，會遇到重重的難關需要不斷去克服，一定會有機遇去突破困難，在那之前要有毅力堅持下來」Victor 與 Alina 說道，倆人憑著一股執拗只為攜手帶給顧客最優質的寢具，現在的市場已經是競爭激烈的一片血海，Victor 與 Alina 深知「不一定要爭第一，但要唯一」，唯有釐清自己的品牌價值，才能為顧客帶來最獨特的產品或服務。

#B | BEDCLOTHA 貝蔻羅莎
商業模式圖 BMC

重要合作

- 布料商
- 代工廠
- 嘖嘖
- 蝦皮購物
- 部落客推薦文

關鍵服務

- 床包組、被套
- 秒換吸磁枕巾
- 秒換吸磁枕套
- 鈕扣床巾
- 鈕扣床包

核心資源

- 寢具設計

價值主張

- 提倡「頻繁更換寢具，創造乾淨舒適睡眠環境」的概念，優化更換寢具的每個步驟及便利性，讓「換寢具的整個過程變得非常輕鬆省力」，給您俐落自在、從容優雅的體驗。

顧客關係

- 主動購買

渠道通路

- Facebook
- Instagram、Youtube
- 官方網站
- 募資、購物平台
- 部落格

客戶群體

- 勤換寢具的人
- 要求睡眠品質的人

成本結構

原物料、行銷成本、營運成本、人事成本

收益來源

產品售出收益

#C | 創業筆記 🖉

● 不一定要爭第一，但要唯一。

● 創業會遇到重重的難關需要不斷去克服，一定會有
 機遇去突破困難，在那之前要有毅力堅持下來。

● _____

● _____

● _____

● _____

● _____

● _____

● _____

#D | 影音專訪 LIVE 📹

BEDCLOTHA 貝蔻羅莎

● LIVE ▶

02-8626-0037

https://www.bedclotha.com/

MVP 心流學堂

預見更好的自己，你就是 MVP！

陳興達（Owen），MVP 心流學堂的創辦人，他發現人與人間的
化學變化相當耐人尋味，也發現到現代人總是為了外在的名利
或是金錢汲汲營營，鮮少有認識自己、發掘自己的時間，於是
創辦學堂帶領大家找尋自己、提升自己，希望可以藉由課程幫
助大家預見更好的自己。

MVP 團隊到偏鄉小學送愛心

摒棄傳統迷思，不該只是向「錢」看齊

或許是傳統社會給予的價值觀及教育觀念的迷思，從小我們就接受到父母教育：多念書才能考好的學校、好學歷才能進好公司上班、在著名的公司工作才能賺大錢，或是常聽到街坊鄰居話家常向晚輩問到：「做什麼工作啊？這樣買得起房子嗎？可以換新車嗎？」總總的過度關愛把孩子教育成相信「選擇大於努力」的道理，向「錢」看齊的傳統觀念根深蒂固，導致許多孩子覺得念書與錢有直接的正關係，篩選工作的要件就是希望能夠輕鬆卻高薪，似乎富有就代表成功，開好

車、住好房就代表有成就。

而這樣的社會現象對 Owen 而言相當耐人尋味，業務出身的 Owen 因工作的關係需要頻繁與人相處，出社會後的十幾年裡他幾乎都任職於主管或領導者的管理階層，與人溝通和接觸是 Owen 每日的工作日常，他發現到現代人總是汲汲營營追求外在的榮華富貴，每個人工作不外乎都是為了金錢或位階，在這勞碌的生活裡似乎忘了自己才是生活的主角，Owen 認為內觀自己、與自己對話比起外在的功成名就來說重要許多，於是他秉持著把此概念分享、教育給大眾的決心毅然決然投入創業──「MVP 心流學堂」就這樣誕生了。

「利己」並非自私，自己才是最首要

回想從小到大我們接受到的教育都是向外學習，不論是語言、才藝抑或是學科、術科都是向外界探索，而 MVP 心流學堂主要提供向內探索的課程，Owen 引用蘇格拉底的名言：「教育並不是灌溉，而是點燃」最重要的是點燃自己內心真正想要的，以終為始的概念，Owen 認為當我們在追求外在的成功時，一味地執著成果的成敗，發生問題時也不去面對、不去在意，常常忽略去體會追逐的過程中教會了我們的事情，反之過程中所歷經的才是最重要的，因此我們應該多花時間

1. 上台演說
2. 大型的分享課程
3. 能量心流課程分享
4. 課程線上直播＋線下聆聽
5. 培訓課程

為自己的內在工程努力、與自己的大腦對話，多內觀自己才能更發現自己的潛能。

「遇見未知的自己方能預見更好的自己」是 MVP 心流學堂的核心價值，Owen 提及現代人最大的問題就是對自己很陌生，他希望能藉由課程將學員塵封已久、壓抑多時的自己打開，解鎖未知的自己、發掘更多自己的能力；而有別於業界常見的商業模式大多以「利他」為主，MVP 心流學堂的商業概念是——「利己」，但所謂的利己並非自私自利，而是將重點回歸自己，適時反問自己是否喜歡，喜歡才能走得長遠，不再爭取外在的輸贏、是非對錯，而是停下腳步跟自己相處，並不時回頭看自己可以付出什麼，他相信「利己、利人、才能利社會」，能夠給予的時候才是最快樂、最正向的。

身分轉換，兼顧創辦人及講師的雙重身分

而提供內在探索課程的概念對市場而言仍然過於抽象，招生及行銷便是 Owen 在創業初期遇到的最大問題，原是在公司擔任主管的 Owen，如今身分轉換成自己創立平台的創業家，遇到的所有問題都是前所未有的，但 Owen 重視溝通，他認為有效的溝通更能釐清最終共同的目標為何，於是也常常與夥伴不眠不休的討論理念，縱然偶爾會有磨合，要統一眾人的意見也確實是一大挑戰，不過 Owen 深信這是他創業之旅中很重要的養分，也是能自我反省、自我覺察的時刻。

儘管 Owen 熱衷教育及分享，但要將自己的經驗及資料庫整理出一套課程並授予學員其實並不如想像中簡單，為期二至三天課程也常常讓 Owen 身心俱疲，但他也發現，許多外界稱之為草莓族、泡泡族的八九零年代年輕人，雖然與社會或父母的期待不符，但其實擁有許多抱負與情懷，而他們來到 MVP 心流學堂學會與自己及家人良好的溝通，也懂得理解父母的話中意義，不再只是一味地冷戰，改變了家庭觀念，也就進而提升在社會上的戰鬥力，種種的成效帶來的感人反饋也讓 Owen 刻骨銘心，自己好像也再度被點燃了，Owen 帶著熾熱的眼神說道。

期盼觸角延伸至各地，推廣心法不遺餘力

「有時候不快樂不是因為沒有選擇，而是被自己框住了」Owen 說道，MVP 心流學堂帶給學員最重要的觀念就是反內思考，讓身體與大腦能平靜下來思考自己的人生方向，讓學員提升不一樣的維度及高度、讓心流上更富足，「事、財、情、家、體」各種關係就會往想要的目標發展，

Owen 希望能從台中發跡，延伸到台灣各地，讓更多人能因為 MVP 心流學堂預見更美好的自己，也希望能全方面地培訓學員或夥伴更多能力，讓他們也能將心流的力量帶回他們的家鄉開花結果，並結合線上能力將觸角延伸至國際，讓心法能更廣為人知。

#B | MVP 心流學堂
商業模式圖 BMC

 重要合作

- 講師

 關鍵服務

- 雙向溝通力
- 能量心流
- 正向領導力

 核心資源

- 師資陣容
- 小班制課程

 價值主張

- 希望透過教育「幫助大家預見更好的自己」，用生命影響生命，帶領夥伴們向善扎根、向上提升，用心創造幸福，用愛感動世界。

 顧客關係

- 個人協助

 渠道通路

- Facebook
- Youtube
- 官方網站
- 實體空間
- 課程講座

 客戶群體

- 對人生茫然的人
- 對人際、家庭、兩性關係迷惘的人

 成本結構

人事成本、活動成本、行銷成本、營運成本

 收益來源

學員學費、活動費用

TIP1：雖然與創業夥伴偶爾會有磨合，眾人的意見難以統一，但這些都將成為創業之旅中很重要的養分。

TIP2：適時反問自己是否喜歡，喜歡才能走得長遠。

#C | 創業筆記 ✏️

成立時間：2020/07/01
團隊人數：6

Q 有沒有想幫產品再多加兩三個關鍵特色？如果要加那會是什麼？

A 學院特色是教育學習部分，未來希望可以結合瑜伽與好的飲食面向，使大眾去完成後身心靈都能一起變得更好。

Q 公司目前如何行銷自家產品或服務？
如果還沒開始，有什麼行銷計畫？

A 1. 會從社群平台去曝光 也讓以前上過課程的夥伴學員一起分享。
2. 拍攝短影片放上自媒體平台。
3. 人與人之間的分享。

Q 如何讓市場瞭解你們？

A 大部分業務／團隊培訓都偏重於外在行銷追求和激勵，學院重點是屬於內在工程，發覺自我價值，讓自己遇見未知的自己，進而遇見更好的自己，我們會不定時舉辦免費的講座讓很多人可以快速了解我們，有意願的人一起成長更好。

#D | 影音專訪 LIVE 📹

MVP 心流學堂

fb.com/mvpbetteryou/
https://www.mvpbetteryou.com
台中市北區博館路 90 號 2 樓

我獨
創角
業，

UNIKORN
UNIKORN
UNIKORN
UNIKORN

我獨
創角
業，

TAIWAN

UNIKORN
UNIKORN
UNIKORN
UNIKORN

久玄駿有限公司

秉持「希望透過傳承去做教育，並達到利他、永續的願景」的經營理念，以幸福人生的系列教育課程為主，學員從培訓課程中認識自己並了解自己內在個性，進而學習如何與旁人相處，透過生日看到五行並了解自己與他人、站在對方的角度看到對方的世界，實踐「教育是紮根的基礎，透過教育打通觀點、看到更不同的世界」的教育宗旨。

烏諾設計

「UNO」一詞是西班牙文「一」的意思，期許烏諾成為第一的設計公司。為給市場多元的客製化選項而開發多種版型，從布料、裁剪到車縫皆是 MIT 產線，布料的質感及厚度都可挑選，並篩選優質廠商與客戶對接，大幅降低設計與生產間的斷層；更提供攝影、造型、海報及商品設計、燈光音響舞台等的活動服務，全方位地解決客戶多種面向的問題。

同合饌

店內所有麵食及小菜從食材採購、清洗、處理、分裝到料理創辦人皆親力親為，抱持著好奇與學習的心態，勇於挑戰創新的料理、選用特別的食材，饕客可以嘗到記憶中的眷村風味、亦可以嘗到獨門的自創料理，而酸辣湯與炸醬麵更是店內招牌、也是饕客首推，注重細節的烹飪手法細膩地呈現層層口感，完美體現「寵愛客人」的經營理念。

Linkedin

 BMC（範例）

重要合作

- 數據中心
- 資料中心
- 內容供應者

關鍵服務

- 平台服務

核心資源

- 網路影響力

價值主張

- 專業管理鑑定。
- 確認合適的人才。
- 獲得目標受眾。
- Linked 的子公司—Lynda 有商務、創意、技術三類的再陷課程，可增加專業能力。

顧客關係

- 網路影響

渠道通路

- 官方網站
- App
- 現場銷售

客戶群體

- 網路使用者
- 招聘人員
- 廣告商
- 營銷人員

成本結構

行銷成本、銷售成本、平台發展技術、網路維護

收益來源

付費方案、會員服務

我創業，我獨角（練習）

設計用於 _____　　設計人 _____　　日期 _____　　版本 _____

重要合作	關鍵服務	價值主張	顧客關係	客戶群體

核心資源

渠道通路

成本結構

收益來源

關於這本書的誕生

我們邀請到「我創業我獨角」的發行人 Andy 及總監 Bella 來訪談這次書籍的起源，以及未來獨角傳媒的走向。
(Andy 以下簡稱 A，Bella 簡稱 B，採訪編輯 Flora 簡稱 F)

F: 為什麼會想做獨角傳媒？

A：我們創辦享時空間，以共享的概念做為發想，期望能創立讓創業家舒適的環境，也想翻轉傳統對於辦公室租借封閉和沉悶的印象，而獨角傳媒是以未來可以獨立運行為前提的一個新創事業群。

B：進駐空間的客戶以創業者和個人工作室為主，我們發現有許多優秀的企業家，他們的故事都很值得被看見，很多企業的商品、服務以及他們的創立初衷都很精采。中小企業是台灣經濟的支柱，有很多優秀的新創團隊也正在萌芽，獨角傳媒事業群因此而誕生。

A：就像Bella說的，目前傳統媒體看到的都是大型企業甚是上市櫃公司企業家的報導，但在那之前每一家初創企業從0到1到100看到的更是精實創業的創業家精神，而獨角的創業家精神，就是讓每一位正走在0到1到100階段的創業家，都能成為新媒體的主角，也正如我們創辦享時空間的初衷就是讓創業者可以幫助創業者。

B：Andy就像是船長一樣，會帶領我們應該要去的方向，這讓我們很有安心感，也清晰自己的目標，我們要協助台灣創造出更多的企業獨角獸。

F: 為何會以出版業為主?在許多人認為這已經是夕陽產業的這個時期?

A：我們認為書籍的優勢現在還不容易被其他媒材取代，專業度、信任感以及長尾效應，喜歡翻閱紙本書籍的人也大有人在，市面上也確實有各種類的創業書籍持續在出版，因此我們認為前景相當可行。

B：因為夕陽無限好(笑)，就如同Andy哥所說，書籍的優勢以及書本特有的溫度，其實看書的人不如想像中的少，當然為了與時俱進，我們同步以電子書和紙本書籍在誠品金石堂等等通路上架，包含製作了網站預購頁面，還有線上直播，整合線上線下的優勢，希望以更多元的型態，將價值呈現給大家。

F: 做了業界唯一的直播創業故事,這個發想怎麼來的?

A:先把價值做到,客戶來到空間受訪,感受到我們對採訪的用心和專業,以及這本書籍的價值和未來預期的收穫讓企業家親自感受。

B:過程的演變當然是循序漸進的,一開始的模式跟現在完全不同!經過一次又一次的修改,發現像廣播室或是帶狀節目的型態很適合我們想傳達的內容,因此才有這樣的創業心路歷程的直播。

F: 過程中有遇到什麼困難?

A:一開始也會有質疑聲浪,也嘗試了很多種方法,過程需要快速調整。但我們仍有信心獨角傳媒會變得越來越強大,獨角聚也是我們很期待的商業聚會,企業家們能夠從中找到能夠合作的對象,或有更多擴展自己事業版圖的機會。

B:書籍的籌備需要企業家共同協助,這過程很不容易,每個人都是很重要的,因為業界有許多不同型態的創業書籍,做全新的模式,許多人一開始不瞭解會誤解我們,透過不斷的調整,希望能跳脫過去大家對於書籍廣告認購模式的想法。

F: 希望透過這件事情,傳遞什麼訊息?

A:讓對於創業有熱情有想法的年輕人可以獲得更多資源協助,也能夠讓更多人瞭解商業模式的架構與內容。

B:提供不同面向的價值,像是我們與環保團體合作為地球盡一份心力,想告訴讀者獨角這家企業出版的成品除了分享,還有很高的附加價值。台灣有很多很棒的企業故事,企業的前期很需要被看見的機會,因此我們創造這樣的平台協助他們。以消費者的角度,我們也希望購買書籍的人能夠透過這些故事得到更多啟發和刺激,有新的創意發想,幫助想創業的朋友少走一些冤枉路。

F: 那對於我創業我獨角的系列書籍,有甚麼樣的期許呢?

A:成為穩定出版的刊物,未來一個月一本的方式,計畫做到訂閱制的期刊。

B:一定要不斷的進化,每一次都要做得比之前更好,目前我們已經專訪過上百家企業,並且現在以指數成長,當大家更認識獨角傳媒以及我獨角我創業系列書籍,就可以更有影響力,讓更多有價值的內容透過獨角傳媒發光發熱。

UBC獨角聚
UNIKORN BUSINESS CLUB

不是獨角不聚頭 | 最佳的商業夥伴盡在UBC

台灣在首次發布的「國家創業環境指數」排名全球第 4，表現相當優異，代表台灣的新創能力相當具有競爭力，我們應該對自己更有信心。當看見國家新創品牌 Startup Island TAIWAN 誕生，透過政府與民間共同攜手合作，將國家新創品牌推向全球的同時，我們也同樣在民間投入了推動力量，促成 Next Taiwan Startup 媒體品牌，除了透過『我創業我獨角』系列書籍，將台灣創業的故事記錄下來，我們更進一步催生了『UBC 獨角聚商務俱樂部』，透過每一期的新書發表會的同時，讓每一期收錄創業故事的創業家們可以齊聚一堂，除了一起見證書籍上市的喜悅外，也能讓所有的企業主能夠透過彼此的交流，激盪出不同的合作契機，未來每一期的新書發表，也代表每一場獨角聚的商機，相信不是獨角不聚頭，最佳的商業夥伴盡在獨角聚，未來讓我們一期一會，從台灣攜手走向全世界。

Next Taiwan Startup
品牌故事與願景

獨角傳媒以紀錄、分享各大行業的奮鬥史為企業使命，每一季遴選 200 家具有潛力的企業品牌參與創業故事專訪報導，提供創業家一個立足台灣、放眼全球的新媒體平台，希望將台灣品牌推向全球，協助創業家站上國際舞台。截至 2021 年 9 月，歷時四個季度，已遴選累積近 1000 位台灣創業家完成企業專訪，將企業的創業故事及心路歷程，透過新媒體推送至全球各大主流影音媒體平台，讓國際看見台灣人拚搏努力的創業家精神。

獨角傳媒總監 羅芷羚表示：「近期政府為強化臺灣新創的國際知名度，國家發展委員會（簡稱國發會）在國家新創品牌 Startup Island TAIWAN 的基礎上，進一步推動 NEXT BIG 新創明日之星計畫，經由新創社群及業界領袖共同推薦 9 家指標型新創成為 NEXT BIG 典範代表，讓國際看到我國源源不絕的創業能量，帶動臺灣以 Startup Island TAIWAN 之姿站上世界舞台。」

獨角傳媒總監 羅芷羚補充：「全台企業有 98% 是由中小企業所組成的，除了政府努力推動領頭企業躍身國際外，我們是不是也能為台灣在地企業做出貢獻，有鑒於在台創業失敗率極高，如果政府和民間共同攜手努力，相信能幫助更多台灣的創業家多走一哩路。」

因而打造全新一季的台灣在地企業專訪媒體形象「NEXT TAIWAN STARTUP」，盼能透過百位線上專訪主播的計劃，發掘更多台灣在地的創業故事紀錄，並透過此計畫，分享更多台灣百年的企業品牌的創業經驗傳承。獨角以為專訪並非大型或領先企業的專利，「NEXT TAIWAN STARTUP」媒體形象，代表是台灣在地的創業家精神，無關品牌新舊大小，無論時代如何，總會有一位又一位的台灣創業家，以初心出發傾力讓這個世界變得更好，而每一個創業家的起心動念都值得被更多人看見。

一書一樹簡介

One Book One Tree 你買一本書 | 我種一棵樹

為什麼推動計畫？文化出版與地球環境共生你知道，在台灣大家都習慣在有折扣條件下買書，有很多實體書店和出版社，正在消失嗎？UniKorn正推動ONE BOOK ONE TREE | 一書一樹計畫 – 你買一本原價書，我為你種一棵樹。我們鼓勵您透過買原價書來支持書店和出版社，我們也邀請更多書店和出版社一起加入這個計畫。

我們的合作夥伴 "One Tree Planted" 是國際非營利綠色慈善組織，致力於全球的造林事業。One Tree Planted的造林項目在自然災害和森林砍伐後重建森林。這不僅有益於自然和氣候，還直接影響到受影響地區的人。

為什麼選擇植樹造林？

應對氣候變化和減低碳排放量，植樹一直是減少全球碳排放的最佳方法之一。普通的成熟年齡樹木每年能夠阻隔48磅碳。隨著全球森林砍伐的繼續，我們的植樹造林項目正在種植樹木，這些樹木將為我們淨化未來幾年的空氣，讓我們能繼續呼吸。

每預購1本原價書，我們就為你在地球種1棵樹。

一本書，可以種下一粒夢想 | 一棵樹，可以開始一片森林

立即預購支持愛地球

獨角商業模式圖

 重要合作

- 享時空間七期概念館(專訪)
- 閻維浩律所(著作權)
- 白象文化(總經銷)
- 1shop. tw (預購網站)
- 創業者聯盟(商務平台)

 關鍵服務

- 創業專訪邀約
- 影音平台內容製作
- 網路預購宣傳
- UBC獨角聚

 核心資源

- FB LIVE / IGTV / YouTube 愛奇藝/Spotify.com/Google Podcast/Apple Podcast / KKBOX等20多個影音平台全球首發聯播

 價值主張

- 獨角文化是全台灣第一個以群眾預購力量，專訪紀錄創業故事集結成冊出版的共享平台。我們深信每一位創業家，都是自己品牌的主角，有更多的創業故事與夢想，值得被看見。獨角文化為創業者發聲，我們從採訪、攝影、撰文、印刷到行銷通路皆不收取任何費用。你可以透過預購書的方式化為支持這些創業故事，你的名與留言也會一起紀錄在本書中。

 顧客關係

- 一般讀者預購支持參與一書一樹植樹活動
- 客戶的支持者預購留言同步收錄書中
- 客戶的廠商預購可獲得企業專訪

渠道通路

- UNIKORN.CC官方網站
- LINE@官方帳戶
- Facebook官方粉絲團
- LINE社群
- Facebook社團

 客戶群體

- 新創公司
- 創辦人
- 企業家
- 二代接班
- 經理人
- 主理人

成本結構

企業邀約、創業專訪、影音製作、書籍設計/內容製作、印刷出版、銷售宅配

收益來源

預購及出版後的銷售額/客戶的庫存預購銷售額
客製化版本(封面、書腰、內文版面)
UBC活動入場費用(一次性、訂閱制)

總監：羅芷羚 / Bella

職場多工高核心處理器功能，善於分配人力跟資源，喜歡旅遊跟傳遞美好的事物

大事到公司決策會議，小事到心靈 spa 溝通。把對的人放在對的位置，也可以隨時補上任何角色！挑戰人生實現夢想。

「你們要先求祂的國，和祂的義，這些東西都要加給你們了。」(Matt 6:33)

影音媒體：李孟蓉 / Gina

被說奇怪會很開心的水瓶座

將創業家的故事以時下流行的直播方式作為曝光，並以各種影音形式上傳至各大平台，將各個創業心路歷程及品牌向全世界宣傳。

(心聲：整天關注並祈求點閱率提高…)

美術編輯：許惠雯 / Dory / 一隻魚

強迫症魔羯座，專長睡覺

豐富文章的視覺，讓更多人閱讀到創業背後的酸甜苦辣。

今天和文編也是和平的一天 (｡ì _ í｡)

專案執行：Andy Liao

連續創業尚未出場 / 創業 15 年 / 奉行精實創業法 / 愛畫商業模式圖

鼓勵每個人一生都要創業一次，夢想 10 年後和女兒 NiNi 一起創業。

「我靠著那加給我力量的，凡事都能做。」(Phil 4:13)

文字編輯：胡秀娟 (｡·ω·｡)ﾉ / Hazel / 芋泥貓星人

夢想有朝一日能回芋泥星。暴走時會吐出哇沙比泡泡

立志掏空公司零食櫃 (進度 3.14159/10000)。

隱藏職業：你給我閉嘴溝通師。

近來遷入「編輯部」國擔任國務卿主打食物外交。

寫簡介當下放著咚咚咚的音樂呦油又。

文字編輯：蔡孟璇 / Lamber

生活就是球賽 / 歐巴 / 跟一坨貓

上班的時候，本業是文字編輯的雜事處理器

每天努力跟美編大大相依為命、相愛相殺

下班了之後，不是在玩貓貓就是在被貓貓玩

薪水不是花掉了而是在貓貓的肚子裡ˋ(╯ _ ╰)ノ

採訪規劃師：吳淑惠 / Sandy

兼具太陽～射手座及月亮～雙魚座的矛盾衝突特質

喜歡美的事物，包含品嚐美食，工作上自我要求完美（尤其是績效）

為企業主規劃提供專屬的購書計劃以及專業的行銷網路宣傳。

採訪規劃師：翁若琦 / Lisa

標準哈日族，熱愛看日劇跟去日本樂團的演唱會療癒自己

邀約各種企業家及創業主，有時遇到同溫層的電訪人員會倍感溫馨，希望可以透過工作邀來自己本身也很喜歡的公司或是工作室來到公司分享他們的故事，讓更多人認識他們。

採訪規劃師：吳沛彤 / Penny

喜歡冥想，覺得人生就是一場修行，裹著年輕軀殼的老靈魂

點子很多，雖然常被覺得天馬行空，主要開發各種產業並找到企業的特色與價值，每天都在發想如何幫助企業主結合群眾與青年力量達到更有效益的資源整合，並帶給社會更大的價值。

興趣是結識不同領域的人，在學習與交流的同時能得到更多的想法與啟發。

採訪編輯：賴薇聿 / Kelly

喜歡研究花跟喜歡各種花語的巨蟹座

正在努力活著的人。邀約企業主跟開放不一樣的客戶，希望他們在這邊都能在這邊順利完成採訪，也喜歡和客戶聊聊天。

採訪編輯：張斐琳 / Willa

喜歡將歡樂帶給身邊的每一個人

利用採訪創業者的時間，快速調整自己的心態與高度，快速的總結出創業者的理念，將創業者最想表達的那一面呈現在影片與書籍中。

歡樂午餐時光！

默契裝扮
& 慶生派對

向日葵般溫暖的夥伴們
&
獨角交換禮物時間

參考資料

精實創業-用小實驗玩出大事業 The Lean Startup ／ 設計一門好生意 ／ 一個人的獲利模式 ／ 獲利團隊 ／ 獲利時代-自己動手畫出你的商業模式

網路平台

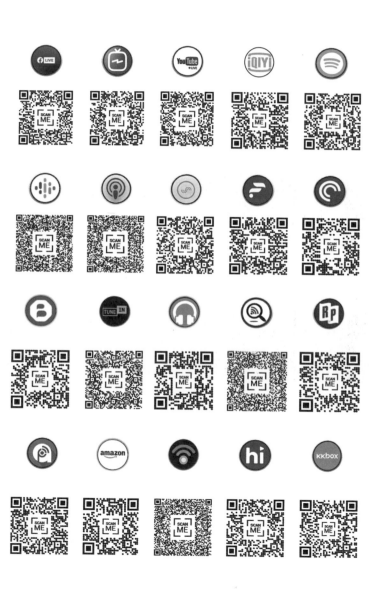

我創業，我獨角 no.4

• #精實創業全紀錄,商業模式全攻略 ─────○

UNIKORN Startup ④

國家圖書館出版品預行編目 (CIP) 資料

我創業,我獨角.no.4:#精實創業全紀錄,商業模
式 全 攻 略 = UNIKORN startup. 4 / 羅 芷 羚
(Bella Luo) 作 . -- 初 版 . -- 臺 中 市 : 獨 角 文
化出版:獨角傳媒國際有限公司發行,2022.05
　　面;　公分
　　ISBN 978-986-99756-3-6(平裝)

1.CST: 創業 2.CST: 企業經營 3.CST: 商業管
理 4.CST: 策略規劃

494.1　　　　　　　　　　111005502

作者—獨角文化 - 羅芷羚 Bella Luo

系列書籍專案執行—廖俊愷 Andy Liao

採訪編輯—張斐琳 Willa、吳沛彤 Penny、賴薇聿 Kelly

文字編輯—蔡孟璇 Lamber、胡秀娟 Hazel

監製—羅芷羚 Bella Luo

美術設計—許惠雯 Dory

內文排版—許惠雯 Dory

影音媒體—李孟蓉 Gina

採訪規劃—吳淑惠 Sandy、張斐琳 Willa、翁若琦 Lisa、
　　　　　吳沛彤 Penny、賴薇聿 Kelly、林芷楹 Alyssa

出版—獨角文化

發行—獨角傳媒國際有限公司
　　　台中市西屯區市政路 402 號 5 樓之 6

發行人—羅芷羚 Bella Luo

電話—(04)3707-7353

e-mail—hi@unikorn.cc

法律顧問—閻維浩律師事務所

著作權顧問—閻維浩律師

總經銷—白象文化事業有限公司

指導贊助—特別感謝 中華民國文化部

製版印刷 初版 1 刷 2022 年 5 月初版